DURCH STARTEN
MATHEMATIK

3

ÜBUNGSBUCH

Verfasserinnen: Edith Brunner, Gabriele Aichberger, Evelyn Aichberger

Diesem Buch ist ein Lösungsheft zu den Übungen beigelegt.

Bibliografische Information der Deutschen Bibliothek:
Die Deutsche Bibliothek verzeichnet diese Publikation in der Deutschen Nationalbibliografie; detaillierte bibliografische Daten sind im Internet über http://dnb.ddb.de abrufbar.

VERITAS-VERLAG, Linz

www.veritas.at
Lektorat: Klaus Kopinitsch
Bildredaktion: Alexandra Rittberger Illustrationen: Helmut »Dino« Breneis
Satz: Anton Froschauer
Herstellung: Julia Bamberger
Auf umweltfreundlichem Papier gedruckt bei: siehe https://produkt.veritas.at/20255#additional

7. Auflage 2020
ISBN 978-3-7058-8046-7

VERITAS
Gemeinsam besser lernen

Inhaltsverzeichnis

Hallo!
DINO MMVIII

Vorwort

Dieses Lernhilfebuch kann begleitend **während des Schuljahres** zu allen Mathebüchern der 3. Klasse Volksschule/Grundschule oder als **Wiederholung** und **Vertiefung** des Lernstoffes in den **Ferien** eingesetzt werden.

Es bietet ein abwechslungsreiches Übungsangebot zu den Lerninhalten des Mathematikunterrichtes und deckt den gesamten Jahresstoff der 3. Klasse ab. Vor allem die Seiten **„Fit für den Übertritt"** wiederholen noch einmal den **Kernstoff** und garantieren so einen guten Übertritt in die 4. Klasse. Es wird geraten, diese 9 Seiten in den letzten 14 Tagen der Ferien dem Kind zur Vorbereitung auf die 4. Klasse anzubieten.
Ihr Kind sollte vorerst einmal Ferien genießen können und abschalten dürfen.

Viele Übungsseiten enthalten einen kurzen **Merksatz**, der dieses Symbol trägt. Er fasst noch einmal kurz zusammen, was besonders wichtig ist zu diesem mathematischen Kapitel.

Weiters sind immer wieder sogenannte **„Superchecks"** eingebaut. Diese **„Super, das kann ich!"**-Seiten sind dazu da, Gelerntes wieder anzuwenden und zu festigen. Diese ständigen Wiederholungen garantieren die Steigerung des Lernerfolges!

Ebenfalls werden in regelmäßigen Abständen mathematische Fachbegriffe wiederholt und gefestigt. Die richtige Zuordnung dieser Fachwörter im **Mathequiz** erleichtert die Orientierung in der mathematischen Welt des Kindes.

Als Auflockerung bietet dieses Buch auch manche Rätselseite an. Diese **Rechenrätsel** machen das Üben abwechslungsreicher.

Die **Mathe-Belohnungssterne** auf Seite 5, die für richtige Lösungen zur Verfügung stehen, sollen als Motivationsschub dienen.

Regelmäßiges Üben ist wichtig, aber es sollte an einem Tag nicht mehr als eine Übungsseite gerechnet werden, um dem Kind die Freude an der Mathematik nicht zu vermiesen.

Das **Lösungsheft** dient dazu, die Ergebnisse zu vergleichen. Alle Übungen können im Buch ausgerechnet werden, es ist kein zusätzliches Heft notwendig.

Wir wünschen viel Freude und Erfolg in der Mathematik!

MATHE-BELOHNUNGSSTERNE

Für jede richtig gelöste Nummer darfst du einen Mathestern anmalen!

Super, das kann ich!	Seite	Mathesterne	Anzahl der Sterne
Supercheck 1	22	☆☆☆☆☆☆	
Supercheck 2	23	☆☆☆☆☆☆	
Supercheck 3	46	☆☆☆☆☆☆	
Supercheck 4	47	☆☆☆☆☆	
Supercheck 5	65	☆☆☆☆	
Supercheck 6	66	☆☆☆☆	
Supercheck 7	93	☆☆☆☆☆☆☆☆☆	
Supercheck 8	94	☆☆☆☆☆☆	
Supercheck 9	128	☆☆☆☆☆	
Supercheck 10	135	☆☆☆☆☆☆	

Liebe Eltern!

Selbstverständlich wollen Sie nur das Beste für Ihr Kind! Dazu gehört auch, dass es in der Schule erfolgreich ist. Aus ihm soll schließlich „etwas werden". Dazu ist eine gute Schulausbildung Voraussetzung.
Der Lernerfolg Ihres Kindes hängt auch vom häuslichen Umfeld und der familiären Lernsituation ab. Je wohler sich Ihr Kind zu Hause fühlt, desto besser lernt es.
Auf den folgenden Seiten wollen wir Ihnen daher einige Tipps und Anregungen geben, wie Sie den Lernerfolg Ihres Kindes nachhaltig steigern können.

TIPP 1 TAGESLEISTUNGSKURVE

Wir alle haben zu unterschiedlichen Tageszeiten unsere Leistungshochs und Leistungstiefs.
So sieht die durchschnittliche Tagesleistungskurve aus:

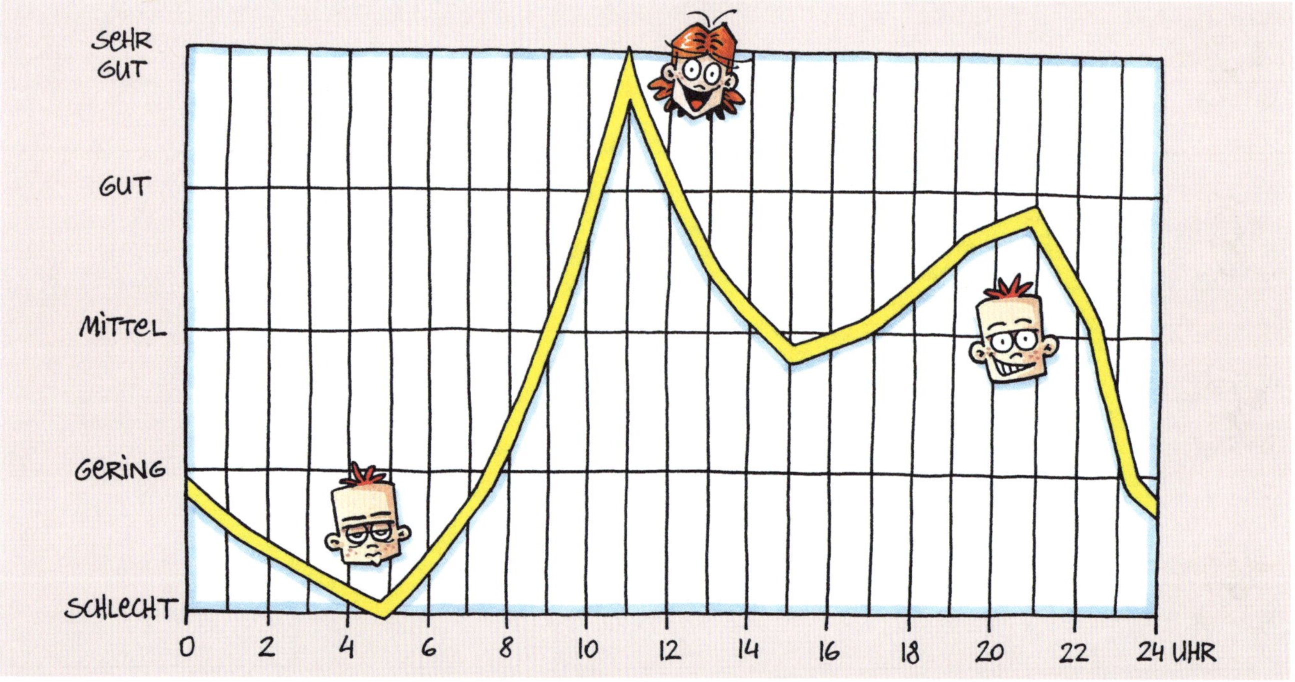

Zeichnen Sie mit einem Rotstift die persönliche Tagesleistungskurve Ihres Kindes ein.
Es sollte die anstrengendsten Aufgaben in jenen Zeitbereichen erledigen, wo es am leistungsfähigsten ist.
Unterstützen Sie Ihr Kind darin, seine Pausen „richtig" zu konsumieren und in seinen Leistungshochs zu lernen. Legen Sie private Termine Ihres Kindes in jene Zeitbereiche, wo sein effizienter Lernrhythmus nicht gestört wird.

TIPP 2 LERNTYPENGERECHT LERNEN

Anhand eines Lerntypentests erfahren Sie, mit welchen Wahrnehmungskanälen Ihr Kind Lernstoff leichter aufnimmt. Die Kenntnis darüber ist wichtig, damit Ihr Kind entsprechend seinen Fähigkeiten wirkungsvolle Strategien zum „richtigen Lernen" entwickeln kann.
Die drei häufigsten Lerntypen sind der Sehtyp, der Hörtyp und der Bewegungstyp.
Füllen Sie nun (eventuell auch gemeinsam mit Ihrem Kind) den Fragebogen auf der nächsten Seite aus und werten Sie ihn aus.
Machen Sie überall dort, wo eine Aussage auf Ihr Kind zutrifft, ein ✔.

✔	Nr.	Aussage
❑	1	Wenn mein Kind schreibt, spricht es alles innerlich mit.
❑	2	Mein Kind hat eine regelmäßige Schrift.
❑	3	Wenn mein Kind zu Hause lernt, geht es dabei im Zimmer auf und ab.
❑	4	Zu Hause lernt mein Kind laut.
❑	5	Mein Kind hat oft etwas in der Hand, mit dem es herumspielt, oder es klopft auf den Tisch.
❑	6	Wenn mein Kind mit jemandem spricht, greift es diese Person gern an.
❑	7	Mein Kind ist ziemlich sportlich.
❑	8	Meinem Kind ist es wichtig, schön angezogen zu sein.
❑	9	Mein Kind spitzt seine Bleistifte regelmäßig.
❑	10	Mein Kind schubst gern andere Kinder.
❑	11	Wenn Lehrer/-innen nur reden, ohne Tafelbild oder Folie, versteht mein Kind sie schlecht.
❑	12	Mein Kind hat immer Farbstifte oder Textmarker mit.
❑	13	Mein Kind erinnert sich an die Haarfarbe anderer Personen.
❑	14	Meistens rutscht mein Kind auf dem Sessel hin und her.
❑	15	Wenn mein Kind das Gefühl hat, dass eine Lehrerin es nicht mag, mag es diesen Gegenstand nicht.
❑	16	Farbstifte verwendet mein Kind nur, wenn es unbedingt muss.
❑	17	Mein Kind drückt beim Schreiben mit dem Bleistift fest auf.
❑	18	Wenn mein Kind für den Sachunterricht lernt, merkt es sich, an welcher Stelle im Heft was steht.
❑	19	Manche Geräusche können mein Kind sehr nerven.
❑	20	Während des Unterrichts fällt es meinem Kind schwer, ruhig zu sitzen.
❑	21	Wenn mein Kind nicht weiß, wie man ein Wort schreibt, sagt es sich das Wort laut vor.
❑	22	Wenn mein Kind sich an etwas erinnert, sieht es „Bilder".
❑	23	Mein Kind unterstreicht gerne Wörter.
❑	24	Eigentlich geht mein Kind selten langsam, meistens läuft es.
❑	25	Mein Kind kann gut die Stimmen oder den Tonfall anderer Leute nachmachen.
❑	26	Die Schrift meines Kindes ist unregelmäßig.
❑	27	Mein Kind weiß, wie seine Lehrer/-innen gekleidet sind.
❑	28	Lehrer/-innen, die mit einer bestimmten Stimme sprechen, mag mein Kind nicht.
❑	29	Wenn mein Kind mitschreiben muss, kann es sich schlechter konzentrieren.
❑	30	Wenn Lehrer/-innen etwas erzählen, mag mein Kind das gern.

Quelle: Brigitte Jug

AUSWERTUNG:
Tragen Sie nun die ✔, die Sie im Fragebogen gesetzt haben, in der Tabelle bei der entsprechenden Nr. ein.

SEHTYP	HÖRTYP	BEWEGUNGSTYP
Nr. 2	Nr. 1	Nr. 3
Nr. 8	Nr. 4	Nr. 5
Nr. 9	Nr. 16	Nr. 6
Nr. 11	Nr. 19	Nr. 7
Nr. 12	Nr. 21	Nr. 10
Nr. 13	Nr. 25	Nr. 14
Nr. 18	Nr. 26	Nr. 15
Nr. 22	Nr. 28	Nr. 17
Nr. 23	Nr. 29	Nr. 20
Nr. 27	Nr. 30	Nr. 24

Wie sind die ✔ verteilt?

- Hat Ihr Kind in allen 3 Wahrnehmungskanälen in etwa gleich viele ✔?
  Gratulation, es lernt schon mit allen Sinnen.
- Hat Ihr Kind einen eindeutigen Wahrnehmungskanal-Favoriten?
  Dann lautet unsere Empfehlung: Stärken Sie seine Stärken!
  Ihr Kind sollte daher bevorzugt in jenen Wahrnehmungskanälen lernen, wo es sich den Lernstoff besser merkt.

Förderung für den Sehtyp:
Ermuntern Sie Ihr Kind, im Unterricht mitzuschreiben. So kann es sich den Lernstoff leichter merken. Achten Sie auch auf einen aufgeräumten Schreibtisch. Ihr Kind sollte farbige Stifte, Textmarker, optisch attraktive Lernhilfebücher und das Internet benutzen.

Förderung für den Hörtyp:
Ihr Kind sollte Dinge, die es sich merken will, aufnehmen und anschließend immer wieder anhören. Lautes Vorlesen und gegenseitiges Abfragen sind ebenfalls ideale Lernmethoden. Eine ruhige Lernumgebung ist wünschenswert.

Förderung für den Bewegungstyp:
Ihr Kind sollte sich beim Lernen bewegen, zB im Zimmer auf und ab gehen. Als Sitzgelegenheit ist ein großer Gymnastikball günstig, weil man damit immer „in Bewegung" bleibt. Auch ein beweglicher Schreibtischsessel ist o. k.

TIPP 3 ARBEITSPLATZ

Arbeitsplatz und Lernumfeld haben einen großen Einfluss auf den Lernerfolg Ihres Kindes. Berücksichtigen Sie daher bei der Gestaltung seines Arbeitsplatzes folgende Kriterien:

Wohlfühlen
Der Lernplatz soll für Ihr Kind eine angenehme Atmosphäre bieten. Dazu können zB angenehme Farben, Pflanzen, Bilder, ein Poster seiner Lieblingsband ... beitragen. Gestalten Sie ihn zusammen mit Ihrem Kind oder lassen Sie Ihr Kind auch selbstständig entscheiden – Ihr Kind soll sich wohlfühlen!

Bequem sitzen

Wer unbequem sitzt, kann sich nur schlecht konzentrieren. Daher darf beim Schreibtischstuhl auf keinen Fall gespart werden. Sitzhöhe und Rückenlehne sollten verstellbar sein, damit eine individuelle Sitzposition gefunden werden kann. Rückenschmerzen und sonstige Sitzfolgeschäden sind zu vermeiden.

Diese richtige „Infrastruktur“ des Lernens mit herzustellen, ist auch für Sie eine Herausforderung. Die dafür notwendigen finanziellen Aufwendungen bekommen Sie aber doppelt und dreifach zurück, wenn Ihr Kind gerne und erfolgreich an seinem tollen Arbeitsplatz lernt.

TIPP 4 WAS TUN BEI SCHLECHTEN BEURTEILUNGEN/NOTEN?

Gefühle ernst nehmen!

Ihr Kind wird sich über eine schlechte Beurteilung/Note mindestens so ärgern wie Sie. Lassen Sie es von seinem Ärger erzählen und nehmen Sie Ihr Kind ernst. Tröstende Worte in der Art von „Alles halb so schlimm“ bitte vermeiden.

Wenn Ihr Kind fertig erzählt hat, dann teilen Sie ihm Ihre Befürchtungen, Ängste und Ihren Ärger mit – in einem ruhigen und sachlichen Ton.

Strafen verboten!

Kein Kind ist glücklich über eine schlechte Beurteilung/Note. Manche spielen nur den „Coolen“, um ihre Betroffenheit zu verstecken. Außerdem gilt es nun, ein Problem zu lösen, nicht Schuldige zu suchen.

Aufbauen!

Eine schlechte Beurteilung/Note heißt nicht durchfallen. Besprechen Sie erst am nächsten Tag, wie es zukünftig besser klappen könnte. Am Tag der schlechten Nachricht soll sich Ihr Kind noch ein Erfolgserlebnis verschaffen, zB Fußball spielen gehen, reiten, mit Freunden treffen usw.

Vergleichen verboten!

Vergleiche mit Mitschülern oder Mitschülerinnen wirken verheerend auf das Selbstvertrauen und schaffen eine grausame Konkurrenz zwischen Kindern.

Positiv denken!

Nicht die Beurteilung/Note ist entscheidend, sondern die Leistung. Fragen Sie Ihr Kind, welches neue Wissen, welche neuen Fähigkeiten es in den letzten Wochen erworben hat trotz der schlechten Beurteilung/Note. Schauen Sie mit Ihrem Kind gemeinsam auf das, was es kann, und nicht darauf, was es (noch) nicht kann.

Geben Sie es zu!

Erzählen Sie Ihrem Kind von Ihren eigenen „Niederlagen“. Das hilft auch Ihnen, sich in die Sorgen Ihres Kindes hineinzudenken.

Sie haben nun einige Anregungen gelesen zum Thema „Lernorganisation“.

Wenn Sie darüber mehr erfahren wollen, empfehlen wir Ihnen das Buch **„DURCHSTARTEN LERNTIPPS – IN 5 SCHRITTEN ZUM SCHULERFOLG“**. Darin erfahren Sie, was Sie alles richtig machen können, um Ihr Kind erfolgreich durch seine Schulzeit zu begleiten.

0 • 2 = 0
1 • 2 = 2
2 • 2 = 4
3 • 2 = 6
4 • 2 = 8
5 • 2 = 10
6 • 2 = 12
7 • 2 = 14
8 • 2 = 16
9 • 2 = 18
10 • 2 = 20

0 • 3 = 0
1 • 3 = 3
2 • 3 = 6
3 • 3 = 9
4 • 3 = 12
5 • 3 = 15
6 • 3 = 18
7 • 3 = 21
8 • 3 = 24
9 • 3 = 27
10 • 3 =30

0 • 4 = 0
1 • 4 = 4
2 • 4 = 8
3 • 4 = 12
4 • 4 = 16
5 • 4 = 20
6 • 4 = 24
7 • 4 = 28
8 • 4 = 32
9 • 4 = 36
10 • 4 = 40

0 • 5 = 0
1 • 5 = 5
2 • 5 = 10
3 • 5 = 15
4 • 5 = 20
5 • 5 = 25
6 • 5 = 30
7 • 5 = 35
8 • 5 = 40
9 • 5 = 45
10 • 5 = 50

0 • 6 = 0
1 • 6 = 6
2 • 6 = 12
3 • 6 = 18
4 • 6 = 24
5 • 6 = 30
6 • 6 = 36
7 • 6 = 42
8 • 6 = 48
9 • 6 = 54
10 • 6 = 60

0 • 7 = 0
1 • 7 = 7
2 • 7 = 14
3 • 7 = 21
4 • 7 = 28
5 • 7 = 35
6 • 7 = 42
7 • 7 = 49
8 • 7 = 56
9 • 7 = 63
10 • 7 = 70

0 • 8 = 0
1 • 8 = 8
2 • 8 = 16
3 • 8 = 24
4 • 8 = 32
5 • 8 = 40
6 • 8 = 48
7 • 8 = 56
8 • 8 = 64
9 • 8 = 72
10 • 8 = 80

0 • 9 = 0
1 • 9 = 9
2 • 9 = 18
3 • 9 = 27
4 • 9 = 36
5 • 9 = 45
6 • 9 = 54
7 • 9 = 63
8 • 9 = 72
9 • 9 = 81
10 • 9 = 90

4 **Zehner** oder 4 **Z** ist die Zahl **40**.

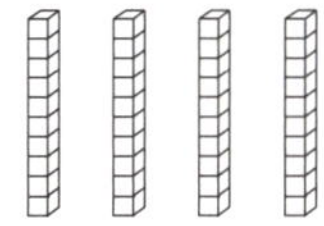

4 Z = 40

1 Wie heißt die Zahl?

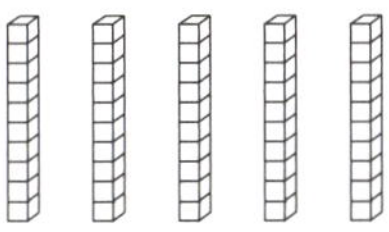

_____ = _____

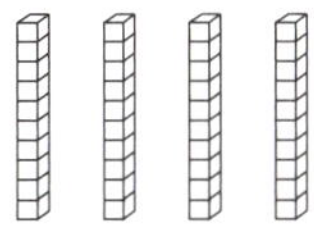

_____ = _____

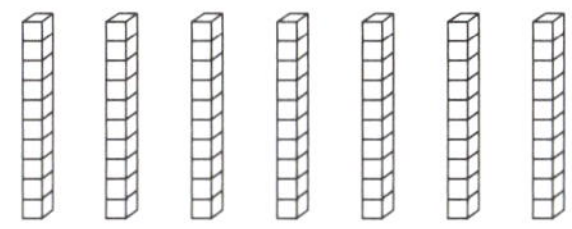

_____ = _____

2 Jetzt kommen noch Einer dazu. Wie heißt die Zahl nun?

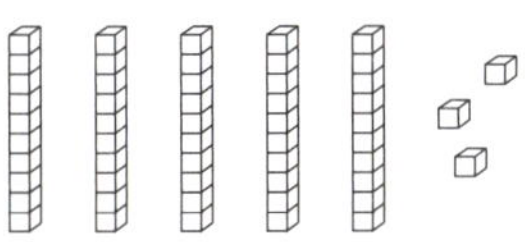

__ Z __ E = _____

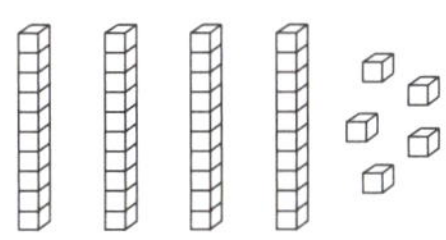

__ Z __ E = _____

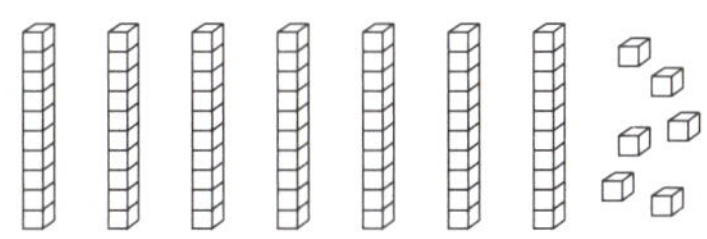

__ Z __ E = _____

3 Lies aus der Tabelle heraus, wie die Zahl heißt, und trage sie ein!

Z	E
5	2

Z	E
6	4

Z	E
0	9

Z	E
2	7

Z	E
7	0

Z	E
7	8

Z	E
4	6

_____ _____ _____ _____ _____ _____ _____

4 Schreib an, wie viele Z und E die Zahl hat!

27 = _____ 76 = _____ 63 = _____ 81 = _____

95 = _____ 38 = _____ 100 = _____ 42 = _____

5 Ergänze das Zeichen für kleiner < oder für größer >!

63 ◯ 49 75 ◯ 57 96 ◯ 68 84 ◯ 56 99 ◯ 98 27 ◯ 73

6 Trage auf dem Zahlenstrahl die fehlenden Zahlen ein!

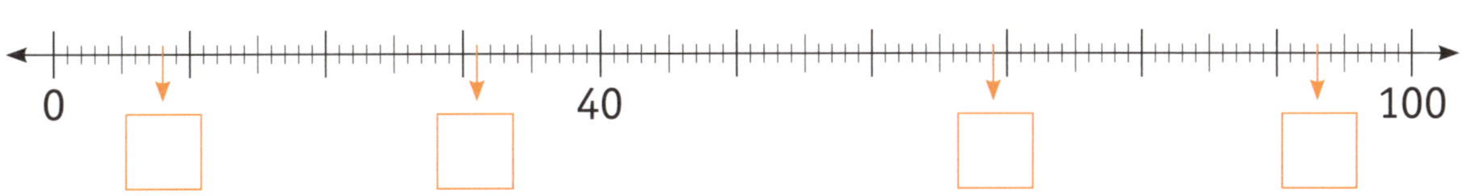

1 **Trage in das Hunderterfeld folgende Zahlen ein!**

53, 4, 39, 67, 90, 25, 84, 70, 100, 16

2 **Wie heißt die Zahl, die nach 90 steht?** ______

3 **Wie heißt die Zahl, die oberhalb von 67 steht?** ______

4 **Wie heißt die Zahl, die unterhalb von 53 steht?** ______

5 **Schätze! Zeichne die Zahl 50 auf dem Zahlenstrahl ein!**

6 **Wie heißt die Zahl?**

56 plus 4 Z ► ______	86 minus 3 E ► ______	94 minus 6 Z ► ______
49 minus 9 E ► ______	38 plus 6 Z ► ______	76 minus 5 E ► ______

1 **Wie alt ist das Marsmännchen ARTIFEX?**
Bemale im Hunderterfeld die Felder folgender Zahlen.
Dann weißt du es!

44, 13, 16, 86, 14, 66, 15,
47, 26, 45, 46, 56, 36, 76

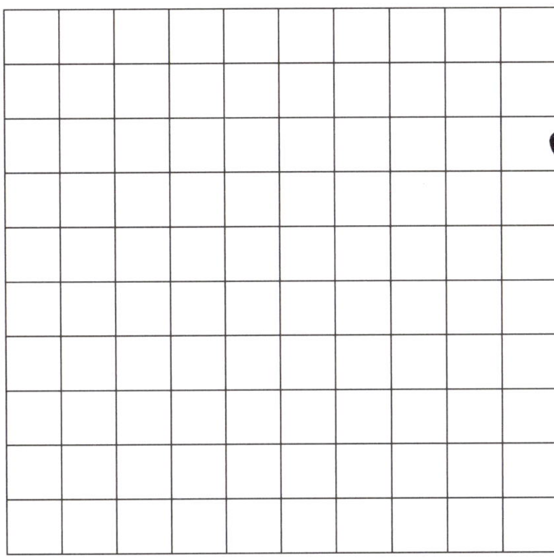

ARTIFEX ist _____ Jahre alt.

2 **Wie viele Zehner musst du zu 71 dazugeben, damit das Ergebnis 91 ist?** _____

3 **Daniel hat von einer Zahl 5 Einer weggenommen. Das Ergebnis ist nun 35. Wie hieß die Zahl?** _____

4 **Helga schreibt 4 E und 7 Z als Zahl an.** _____

5 **Die Zahl hat 6 E 8 Z. Renee zählt 1 Z und 4 E dazu.** _____

6 **Wie heißen die Zahlen auf dem Zahlenstrahl?**
Sie sind so ↓ gekennzeichnet.

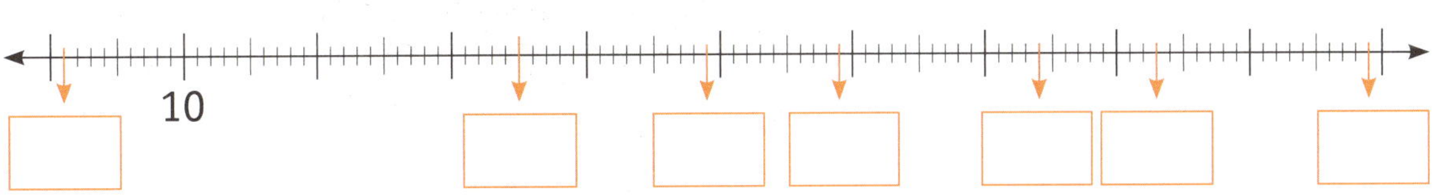

1 **Ausschnitte aus dem Hunderterfeld. Ergänze die fehlenden Zahlen!**

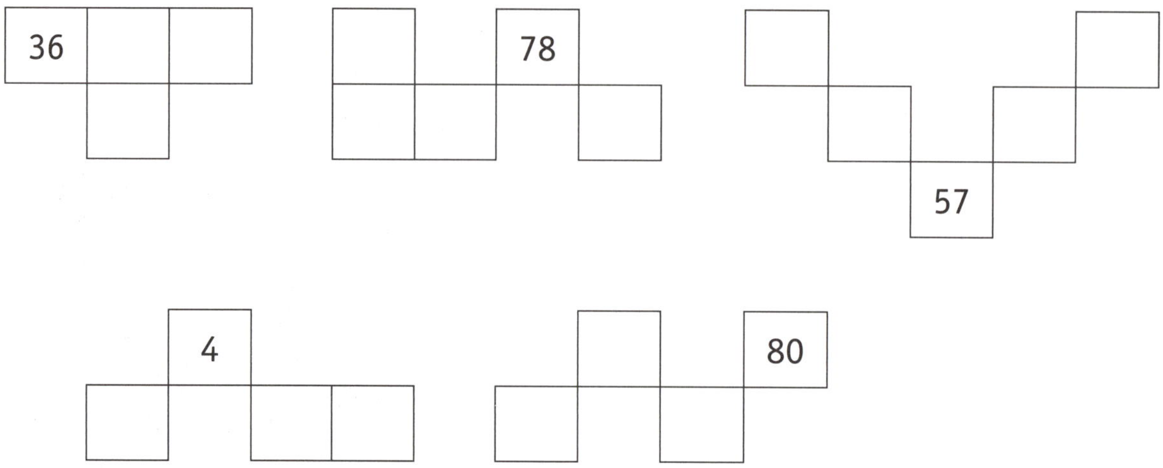

2 **Ergänze die Zahlenfolgen!**

34	39		
		83	89

56	67		
	23	43	

3 **Wie heißen die Zahlen?**

1 Zehner ▶ ✿, 1 Einer ▶ ★

✿✿✿✿✿✿ ★★★	✿✿✿	★★★★★★★★★
★★★★ ✿✿✿✿✿	✿✿✿✿✿✿✿ ★★★	★✿✿✿✿✿✿✿✿✿

Bei Plusaufgaben kannst du die Zahlen vor dem (=) vertauschen!
Bei Minusaufgaben kannst du das Ergebnis durch die Plusrechnung überprüfen!
75 – **26** = **49** ► **49** + **26** = 75

1 Rechne!

+	28
46	
69	
12	
37	
18	

–	37
86	
41	
62	
73	
39	

12 + 47 = ____
48 – 19 = ____
____ = 41 – 35
____ = 22 + 59
66 – 37 = ____
____ = 65 + 17

2 Wer erzielt die meisten Ringe beim Pfeilschießen?

Anton

27 + 18 → 45 + 27 → 72 – 15 → ____ + 18 → ____ – 15 → ____

Moritz

18 + 36 → 54 + 29 → ____ – 61 → ____ – 22 → ____

Marina

36 + 17 → ____ + 32 → ____ – 44 → ____ – 23 → ____ + 35 → ____

Lukas

97 – 66 → ____ + 36 → ____ – 58 → ____ + 24 → ____ – 32 → ____

1 Rechenmauern lösen!

14	
7	7

15	7

50	32

96	4

2 Bei diesen Rechenmauern musst du anders denken!

40	
38	2

69	
	2

54	
	14

100	
96	

3 Rechenmauern können auch größer sein!

13	8	
9	4	4

52		
32	20	10

19	2	11

90		
50	40	
40		

36		
	20	
		12

64		
	5	
56	3	

4 Hier hat Paul falsch gerechnet! Welchen Fehler hat er gemacht? Kreuze an!

100 – 21 = 89

- ☐ Er hat 21 und 100 zusammengezählt.
- ☐ Er hat die Hälfte von 100 gerechnet.
- ☐ Er hat von 100 nur 11 und nicht 21 weggezählt.
- ☐ Er hat das Doppelte von 100 gerechnet.

5 Setze fort und rechne!

100 – 19 = ______
100 – 29 = ______
100 – ___ = ______

100 – ___ = ______
100 – ___ = ______
100 – ___ = ______

1 **Martin entfernt die Schnecken vom Salatbeet seiner Mutter. Dort sammelt er zuerst 24 Schnecken und auf dem Blumenbeet findet er noch 18. Wie viele Schnecken hat Martin gefunden? Schätze und kreuze an!**

ungefähr 30 Schnecken	ungefähr 40 Schnecken	ungefähr 50 Schnecken
☐	☐	☐

2 **Von 80 Geburtstagskerzen bläst Oma 54 aus. Dann hilft ihr ihre Enkelin und bläst die restlichen Kerzen aus. Schätze und kreuze an!**

ungefähr 20 Kerzen	ungefähr 30 Kerzen	ungefähr 50 Kerzen
☐	☐	☐

3 **Sophia pflückt für ihre Mutter zum Geburtstag einen Blumenstrauß. Er besteht aus 34 Gänseblümchen und 15 Vergissmeinnicht. Wie viele Blumen hat der Strauß? Schätze und kreuze an!**

- ☐ Es sind insgesamt ungefähr 50 Blumen.
- ☐ Es sind insgesamt ungefähr 40 Blumen.
- ☐ Es sind insgesamt ungefähr 60 Blumen.

4 **In einem Sackerl sind 70 Gummibärli. Maria isst alle roten auf, das sind 23. Wie viele Gummibärli bleiben übrig? Schätze und kreuze an!**

- ☐ Es bleiben insgesamt ungefähr 10 Gummibärli übrig.
- ☐ Es bleiben insgesamt ungefähr 50 Gummibärli übrig.
- ☐ Es bleiben insgesamt ungefähr 60 Gummibärli übrig.

5 **Sabrina liest ein spannendes Pferdebuch. Es hat 90 Seiten. 48 Seiten hat sie schon gelesen. Schätze!**

Sabrina muss noch ungefähr ______ Seiten lesen.

In der Schulbücherei

1 **Von den Sachbüchern sind derzeit 24 Stück ausgeliehen.**

R: ______________________ A: ______________________________

2 **Wie viele Abenteuerbücher wurden von den Kindern ausgeliehen, wenn 55 Bücher im Regal sind?**

R: ______________________ A: ______________________________

3 **Welche Bücheranzahlen ergeben insgesamt 60 Stück?**

____

4 **Die Direktorin bestellt noch 16 Mädchenbücher.**

R: ______________________ A: ______________________________

5 **Von den Tierbüchern erzählen 4 Bücher von Hunden und Katzen.**

R: ______________________ A: ______________________________

6 **Die 3. Klasse hat schon 9 Bilderbücher neu eingebunden.**

R: ______________________ A: ______________________________

7 **Kann es sein, dass 80 Abenteuerbücher ausgeliehen sind?** __________

Warum nicht? ____

Bei Malaufgaben kannst du die Zahlen vor dem (=) vertauschen! ▶
Tauschaufgabe 3 • 5 = 15 → 5 • 3 = 15

1

5 • 6 = ____ 7 • 2 = ____ 8 • 3 = ____

7 • 4 = ____ 5 • 5 = ____ 7 • 8 = ____

6 • 7 = ____ 3 • 9 = ____ 10 • 2 = ____

0 • 4 = ____ 1 • 6 = ____ 5 • 3 = ____

4 • 5 = ____ 9 • 7 = ____ 6 • 10 = ____

2 **Trage die Ergebnisse in die Tabelle ein!**

•	4	6	7	8	9
5					
8					
9					
3					
6					
7					
4					

3

____ • 8 = 16 ____ • 3 = 18 ____ • 5 = 40

____ • 2 = 10 ____ • 6 = 54 ____ • 4 = 16

____ • 7 = 14 ____ • 9 = 72 ____ • 10 = 30

____ • 5 = 30 ____ • 8 = 48 ____ • 3 = 21

____ • 4 = 32 ____ • 6 = 18 ____ • 2 = 18

____ • 9 = 36 ____ • 7 = 49 ____ • 10 = 70

4 **Kreise die Zahlen der Siebenerreihe ein!**

5 7 9 14 21 25 28 35 40 43 49 55 63

Einmaleins

1

3 • ___ = 6	9 • ___ = 45	5 • ___ = 35
4 • ___ = 12	6 • ___ = 36	7 • ___ = 63
3 • ___ = 24	9 • ___ = 90	6 • ___ = 24
4 • ___ = 20	9 • ___ = 81	8 • ___ = 64
2 • ___ = 12	1 • ___ = 2	4 • ___ = 28
3 • ___ = 12	10 • ___ = 40	5 • ___ = 50

Die Tauschaufgabe kann dir beim Malrechnen helfen!

2 **Mache die Tauschaufgabe zu 9 • 4 und rechne!** ___

3 **Mache die Tauschaufgabe zu 8 • 6 und rechne!** ___

4 **Ein Schaf hat ___ Beine. 8 Schafe haben ___ Beine.**

5 **Ein Fahrrad hat ___ Räder. 10 Fahrräder haben ___ Räder.**

6 **Ein Dreieck hat ___ Ecken. 7 Dreiecke haben ___ Ecken.**

7 **Ergänze die Zahlenfolgen!**

18	27	36			

64	56	48			

8 **Ein Hund läuft 2 Hühnern nach. Wie viele Beine sind das?** ___

9 **Die Zahl liegt zwischen 60 und 80. Sie ist ungerade und ist eine Zahl der Neunerreihe.** ___

Die Umkehraufgabe zur Teilungsrechnung ist die Malrechnung!
28 : 4 = 7   weil 7 mal 4 gleich 28

1

12 : 2 = ____	72 : 9 = ____	36 : 4 = ____
18 : 6 = ____	49 : 7 = ____	21 : 3 = ____
32 : 8 = ____	42 : 6 = ____	18 : 2 = ____
35 : 5 = ____	24 : 8 = ____	64 : 8 = ____
16 : 2 = ____	21 : 7 = ____	36 : 6 = ____

2

____ : 5 = 9	24 : ____ = 6	____ : 3 = 6
____ : 7 = 5	81 : ____ = 9	____ : 4 = 4
____ : 6 = 8	9 : ____ = 3	____ : 2 = 7
____ : 5 = 5	90 : ____ = 10	____ : 6 = 9
____ : 2 = 10	27 : ____ = 9	____ : 4 = 5

3 **Durch welche Zahl musst du 72 teilen, damit das Ergebnis 9 ist?**

____

4 **Wie heißt die Zahl, die du durch 7 teilen kannst und als Ergebnis 8 bekommst?** ______

5 **Durch welche Zahl musst du 28 teilen, damit das Ergebnis 4 ist?**

____

6 **21 Gummibärli werden auf 7 Kinder verteilt.**

Du rechnest ____ : ____ = ____   weil ____ • ____ = ____

7 **100 Eier werden in Zehnerkartons verpackt.**

Du rechnest ____ : ____ = ____   weil ____ • ____ = ____

1 **Was soll das heißen? Trage jeweils die Buchstaben der Ergebniszahlen ein.**

E	T	A	I	L	N	C	U	G	K	H
5	7	0	2	4	6	1	8	3	10	9

49 : 7	25 : 5	4 : 2	36 : 9	40 : 8	36 : 6
T					

80 : 8	0 : 4	18 : 3	54 : 9

18 : 9	10 : 10	36 : 4

27 : 9	56 : 7	56 : 8

2 **Vor einem Aufzug warten 24 Leute. Der Lift kann immer nur 8 Personen befördern. Wie oft mal muss der Lift fahren?**

R: A: ____________________

3 **Eine 3. Klasse hat 28 Schüler. Die Kinder stellen sich im Turnunterricht in Vierergruppen zusammen. Wie viele Gruppen sind das?**

R: A: ____________________

4 **Verbessere die falschen Teilungsrechnungen!**

30 : 5 = 4 ________ 72 : 8 = 7 ________ 42 : 6 = 5 ________

5 **5 Z 6 E**

Schreibe die Zahl auf! ________

Suche dazu zwei Teilungsrechnungen! ________ ________

Super, das kann ich!

1 **Ergänze!**

3 Z 7 E = ______ 64 = ______ 8 = ______

8 E 7 Z = ______ 100 = ______ 9 Z 0 E = ______

2 **Wie viele Zehner hat ein Hunderter?** ______

3 **Trage die fehlenden Zahlen ein!**

	67		69

	90

47			

4 **Rechne!**

31 + 64 = ______ 56 + 25 = ______ 92 – 49 = ______ 88 – 45 = ______

5 **Malrechnungen**

9 • 5 = ______ ______ • 7 = 49 9 • ______ = 27 8 • 6 = ______

6 **Auf der Wäscheleine hängen 18 Socken. Wie viele Paare sind das?**

R: ______________________ A: ______________________

Kontrolliere die Lösungen! Denk an deine Belohnungssterne auf Seite 5!

Super, das kann ich!

1 **Steht der Zehner vor dem Einer oder hinter dem Einer? Kreuze an!**

☐ vor dem Einer ☐ hinter dem Einer

2 **Ergänze die Zahlen auf dem Zahlenstrahl!**

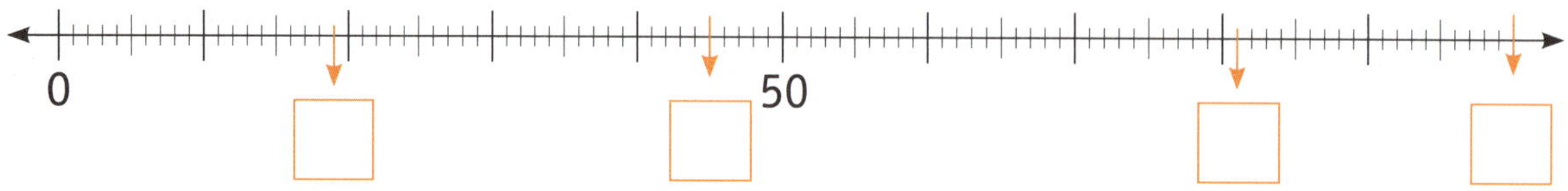

3 **Rechne!**

69 + ____ = 100 16 + ____ = 100 100 – 78 = ____ 100 – 36 = ____

4 **Teilungsrechnungen**

72 : 8 = ____ 48 : 6 = ____ 63 : 9 = ____ 36 : 4 = ____

5 **Bilde aus den Ziffern 4 und 7 die größte und kleinste Zahl!**

Die kleinste Zahl ist ______ .

Die größte Zahl ist ______ .

6 **Sascha sieht in der Auslage Filzstifte um 5 € 60 c und einen Block um 2 € 10 c. Er kauft sie.**

R: A: ____________________

Kontrolliere die Lösungen! Denk an deine Belohnungssterne auf Seite 5!

Zahlenzauber!
Die Stellenwerttafel gibt jeder Ziffer einen bestimmten Wert!

T	H	Z	E	Zahl
			1	► 1
		1		► 10
	1			► 100
1				► 1 000

1 Wie heißt die Zahl?

9E = ______ 2H 4Z = ______ 3H 4Z 2E = ______

1T = ______ 8H 4E = ______ 7H 2Z 3E = ______

8Z = ______ 9H 1Z = ______ 4H 0Z 1E = ______

6H = ______ 5H 4Z = ______ 1H 9Z 9E = ______

2 Eldina lernt Deutsch. Sie liest die Zahlen – du schreibst sie auf!

dreihundertvierzig ► ______

sechshundertdrei ► ______

achthundertdreiundsiebzig ► ______

neunhundertneunundneunzig ► ______

3 Trage ein!

Wie viele Zehner hat die Zahl 561? ____

Wie viele Einer hat die Zahl 980? ____

Wie viele Tausender hat die Zahl 1 000? ____

Wie viele Hunderter hat die Zahl 845? ____

1 **Unser Freund *Kreide* vertauscht gern mal die Zahlen. Schreibe die vertauschten Zahlen auf!**

Er vertauscht bei 578 die Zehner mit den Einern. ______
Er vertauscht bei 712 die Hunderter mit den Einern. ______
Er vertauscht bei 904 die Einer mit den Zehnern. ______
Er vertauscht bei 362 die Hunderter mit den Zehnern. ______

2 **Ein Zahlenstrahl in Zehnerschritten! Trage die Zahlen in die Kästchen ein!**

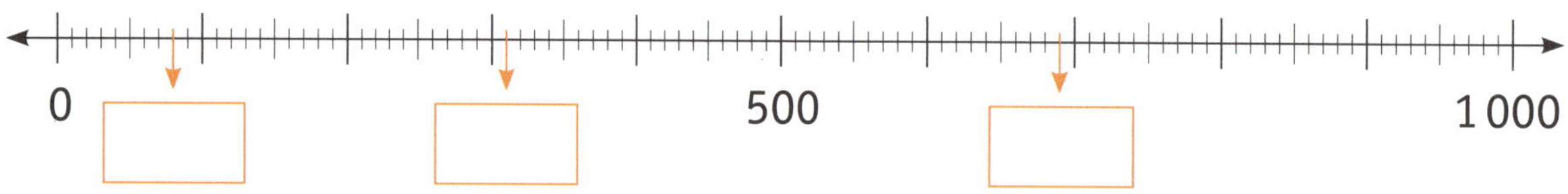

3

Das blaue Auto parkt auf Nummer ________.
Das grüne Auto parkt auf Nummer ________.
Das rote Auto parkt auf Nummer ________.
Das gelbe Auto parkt auf Nummer ________.

4 **Schreib die Zahl auf, die immer um 1 Z größer ist!**

645 ▶ ________	768 ▶ ________	790 ▶ ________	894 ▶ ________
905 ▶ ________	973 ▶ ________	589 ▶ ________	504 ▶ ________

5 **Für 1 Hunderter steht ■, für 1 Zehner ▲ und für 1 Einer ●.**
Wie heißt jeweils die Zahl?

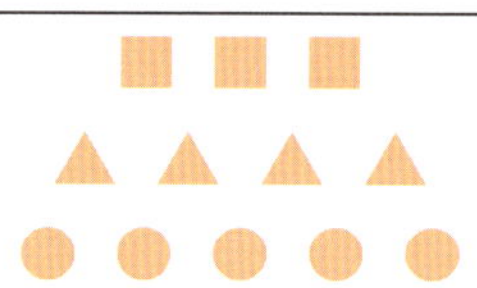	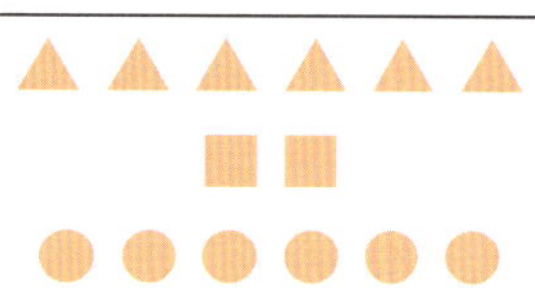		
________	________	________	________

1 Zahlennachbarn

9	**10**	11
	80	
	90	
	50	

99	**100**	101
	600	
	700	
	400	

899	**900**	901
	200	
	300	
	500	

2 Schreib die Zahl auf, die um 1 größer ist!

456 ▶ ______ 867 ▶ ______ 999 ▶ ______

499 ▶ ______ 509 ▶ ______ 379 ▶ ______

700 ▶ ______ 204 ▶ ______ 110 ▶ ______

729 ▶ ______ 654 ▶ ______ 50 ▶ ______

3 Verbinde alle Zahlen, die 5 H haben, der Reihe nach! Es entsteht das Sternbild des Großen Wagens.

4 Ergänze die Zahlen in den Ausschnitten der verschiedenen Hunderterfelder!

159	

	639		
			800

932	

1 Finde mit den Zahlen — Plusrechnungen — Minusrechnungen

			Plusrechnungen	Minusrechnungen
40	520	560	______	______
500	20	480	______	______
30	790	760	______	______
1000	910	90	______	______

2 Rechne!

560 + 320 = ____	560 − 240 = ____	420 − 410 = ____
380 + 610 = ____	890 − 770 = ____	690 − 240 = ____
630 + 220 = ____	940 − 320 = ____	870 − 560 = ____
250 + 530 = ____	360 − 130 = ____	350 + 30 = ____
720 + 150 = ____	170 − 60 = ____	240 + 150 = ____

3 Ergänze!

230 + ____ = 360	770 + ____ = 840	450 − ____ = 370
650 + ____ = 710	580 + ____ = 630	170 − ____ = 170
580 + ____ = 620	290 + ____ = 340	710 − ____ = 630
340 + ____ = 430	560 − ____ = 490	670 − ____ = 580
120 + ____ = 210	210 − ____ = 140	320 − ____ = 260

4 Was wurde verändert? Kreuze die zwei Felder an!

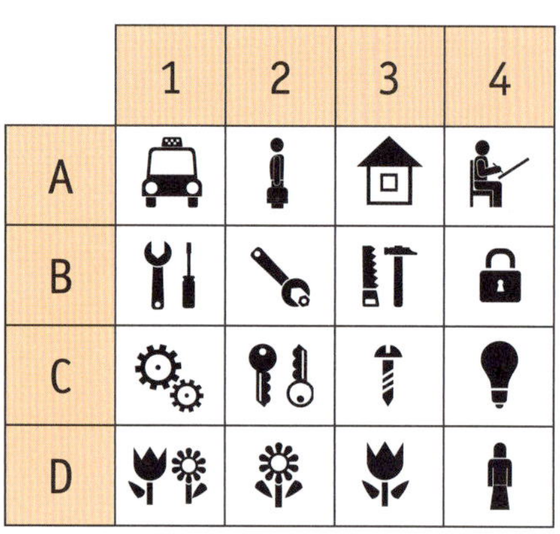

1 Trage die Ergebnisse in den Tabellen ein.

	190	710	
+ 220			– 220
+ 390			– 390

	390	610	
+ 440			– 440
+ 170			– 170

	250	620	
+ 480			– 480
+ 90			– 90

2 Finde die fehlenden Zahlen!

1 000	
820	

1 000	
	675

484	516

1T	
_H_Z	3H6Z

3 Löse diese Knobelvierecke!

	570		
390	220	350	
	170	410	

	130	70	
	60	320	

	110	370	
	450	530	

	800	150	
	200	650	

1 **Das sind Ziffernkarten. Wähle 3 verschiedene aus. Das Ergebnis muss 857 sein!**

| 0 | 1 | 2 | 3 | 4 | 5 | 6 | 7 | 8 | 9 |

| 2 | 5 | 4 | + | | | | = 857

2 **Löse die Aufgaben nacheinander! Bemale die Ergebnisfelder und zeichne den Weg bis zum Schatz ein!**

(1) 298 + 4 = ______	(7) 379 + 13 = ______	(13) 678 + 13 = ______
(2) 795 + 6 = ______	(8) 528 + 23 = ______	(14) 258 + 34 = ______
(3) 493 + 9 = ______	(9) 366 + 35 = ______	(15) 907 + 66 = ______
(4) 197 + 4 = ______	(10) 513 + 49 = ______	(16) 521 + 79 = ______
(5) 892 + 9 = ______	(11) 748 + 33 = ______	(17) 148 + 28 = ______
(6) 796 + 8 = ______	(12) 174 + 17 = ______	(18) 510 + 490 = ______

1 **Auf einem Spielplatz sind 350 Mädchen und 280 Buben. Wie viele Kinder sind es insgesamt?**

R:

A: ______________________

____

2 **Schreib zu diesen Angaben selbst eine Rechengeschichte auf, bei der du wegzählen kannst!**

250 Sitzplätze

15 freie Sitzplätze

Beginne so: *In einem großen Kinosaal gibt es* ______________________

____

____

3 **Nimm von 500 die Hälfte und zähle 25 dazu! Wie heißt die Zahl?**

R:

A: ______________________

4 **Schreib zu diesen Angaben selbst eine Rechengeschichte auf, bei der du malrechnen kannst!**

1 Apfel 20 dag

5 Äpfel ?

Beginne so: *Ein Apfel wiegt* ______________________

____

Im Kellergewölbe

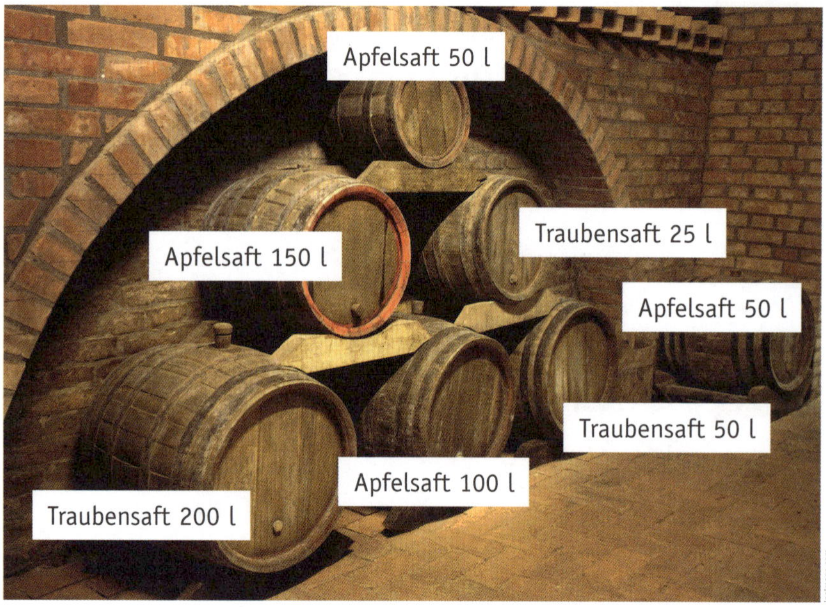

ingimage.com

1 **Lagert im Keller mehr Apfelsaft oder mehr Traubensaft? Schätze!**

____

2 **Wie viele l Apfelsaft lagern im Keller?**

R: ____________________ A: ____________________________

3 **Wie viele l sind im obersten Fass?**

____

4 **Wie viele l Traubensaft lagern im Keller?**

R: ____________________ A: ____________________________

5 **Frau Krämer hat vom größten Fass mit Traubensaft schon die Hälfte verbraucht!**

R: ____________________ A: ____________________________

6 **Setze die passenden Zahlen ein!** **200** **50** **25** **275**

Im Keller lagern insgesamt _____ l Traubensaft. Beim Fest werden _____ l und _____ l getrunken. Jetzt sind es nur mehr _____ l.

1 **Gabriel hat beim Zusammenzählen einen Fehler gemacht. Kreuze an, welchen!**

570 + 130 = 600

☐ Er hat statt plus minus gerechnet.

☐ Er hat nur die Zehner dazugezählt.

☐ Er hat die Einer falsch zusammengezählt.

2 **Herr Glückspilz hat 1000 € beim Lotto gewonnen. Nach fünf Tagen sind nur noch 199 € übrig. Wie viel Geld hat er von seinem Gewinn schon ausgegeben?**

R:

A: ______________________________

____

3 **Verena hat beim Wegzählen einen Fehler gemacht. Kreuze an, welchen!**

1000 – 520 = 580

☐ Sie hat beim Ergebnis einen Hunderter zu viel gerechnet.

☐ Sie hat beim Ergebnis einen Hunderter zu wenig gerechnet.

☐ Sie hat sich beim Wegzählen der Zehner verrechnet.

4 **Wie heißt die Zahl? Sie ist größer als 57 und kleiner als 65. Du kannst sie durch 8 teilen. Die Zahl heißt _____.**

5 **Ein Fernseher kostet 999 €. Herr Finger bekommt ihn um 20 € billiger.**

R:

A: ______________________________

1 **Eine Reparatur am Fahrrad kostet 178 €. Frau Müller hat drei 50-€-Scheine und zwei 20-€-Scheine in der Geldtasche. Hat sie genug Geld dabei?**

R: A: ______________________________

2 **Wie heißt die Zahl? Sie besteht aus den Ziffern 2, 8 und 7 und ist so groß wie möglich. Sie heißt ________ .**

3 **Thomas hat in seinem Markenalbum 265 Briefmarken eingeordnet. Er hat weitere 39 Marken erhalten, die er gleich dazusteckt. Wie viele Marken hat er jetzt?**

R: A: ______________________________

____

4 **Hier siehst du die Besucherinnen- und Besucherzahlen einer Messe in Salzburg!**

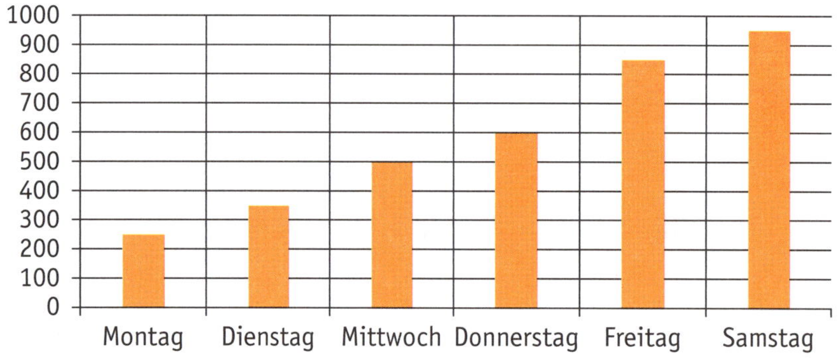

a) An wie vielen Tagen konnte man diese Messe besuchen?

____

b) Wie viele Besucherinnen und Besucher waren es am Freitag?

____

c) Am Montag und am Dienstag waren insgesamt genau so viele Besucherinnen und Besucher wie am ____________________ .

d) Am Mittwoch waren es um 450 weniger als am ________________ .

1 **Rechne und schreibe die Zahlen der Ergebnisse in Worten daneben auf. Die Buchstaben der färbigen Felder ergeben das Lösungswort.**

2 • 5 = ____

100 – 98 = ____

48 – 40 = ____

63 : 7 = ____

4 • 5 = ____

80 – 0 = ____

3 • 20 = ____

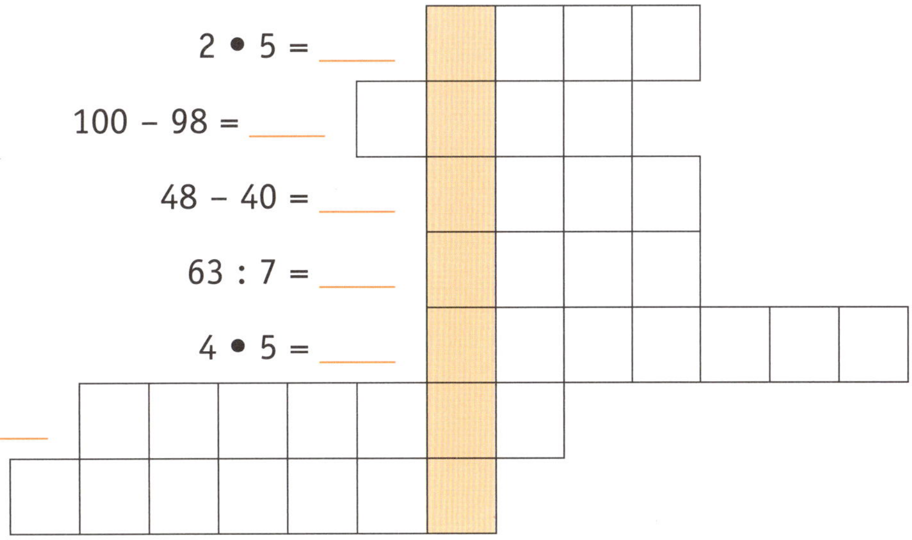

Lösungswort: ______________________

2 ***Schwamm* wohnt in der Hauserstraße. Damit du die Hausnummer von unserem Freund erfährst, musst du alle Zahlen addieren.**

Die Hausnummer ist ______ .

3 **Löse das Kryptogramm!**

Zahlen mit 1, 2, 3, 4 an der Einerstelle werden auf den niedrigeren Zehner abgerundet.

Zahlen mit 5, 6, 7, 8, 9 an der Einerstelle werden auf den nächsthöheren Zehner aufgerundet.

1 **Runde auf den Zehner!**

15 ≈ ____	72 ≈ ____	24 ≈ ____	48 ≈ ____
63 ◯ ____	36 ◯ ____	87 ◯ ____	51 ◯ ____
98 ◯ ____	23 ◯ ____	31 ◯ ____	66 ◯ ____
42 ◯ ____	59 ◯ ____	75 ◯ ____	83 ◯ ____
91 ◯ ____	14 ◯ ____	28 ◯ ____	46 ◯ ____
39 ◯ ____	56 ◯ ____	62 ◯ ____	73 ◯ ____

Zahlen mit 1, 2, 3, 4 an der Zehnerstelle werden auf den niedrigeren Hunderter abgerundet.

Zahlen mit 5, 6, 7, 8, 9 an der Zehnerstelle werden auf den nächsthöheren Hunderter aufgerundet.

2 **Runde auf den Hunderter!**

763 ≈ ____	428 ≈ ____	681 ≈ ____	227 ≈ ____
349 ◯ ____	193 ◯ ____	547 ◯ ____	871 ◯ ____
955 ◯ ____	236 ◯ ____	353 ◯ ____	145 ◯ ____
437 ◯ ____	659 ◯ ____	529 ◯ ____	769 ◯ ____
881 ◯ ____	947 ◯ ____	199 ◯ ____	326 ◯ ____
216 ◯ ____	583 ◯ ____	722 ◯ ____	482 ◯ ____

3 **Ein Buch hat 67 Seiten. Wie viele Seiten sind das ungefähr?** ____

4 **Frau Ferner hat 299 €. Das sind rund** ____ **.**

5 **Auf dem Spielplatz spielen 84 Kinder. Wie viele Kinder sind das ungefähr?** ____

6 **Kerstin zählt die Wörter eines Lesetextes. Es sind 487 Wörter. Das sind rund** ____ **.**

1 **Welche gemischte Zehnerzahl könnte gerundet worden sein?**

________ ≈ 60 ________ ◯ 40 ________ ◯ 70 ________ ◯ 50

________ ◯ 20 ________ ◯ 80 ________ ◯ 30 ________ ◯ 90

2 **Welche gemischte Hunderterzahl könnte gerundet worden sein?**

________ ≈ 500 ________ ◯ 800 ________ ◯ 300 ________ ◯ 200

________ ◯ 700 ________ ◯ 400 ________ ◯ 600 ________ ◯ 900

3 **Was machst du, wenn du die Zahl 726 auf Hunderter runden sollst. Kreuze den richtigen Lösungsweg an!**

- ☐ Ich schaue auf die Einerstelle und runde die Zahl auf.
- ☐ Ich schaue auf die Zehnerstelle und runde die Zahl ab.
- ☐ Ich schaue auf die Hunderterstelle und runde die Zahl auf.

4 **Frau Koller sagt: „Heute habe ich rund 90 Schnecken von den Salatblättern entfernt.“ Wie viele Schnecken könnten das tatsächlich gewesen sein?** ____________

5 **Für Gartenarbeit zahlt Frau Huber der Helferin rund 200 €. Wie viele Euro könnten das tatsächlich gewesen sein?** ____________

6 **Anjas Schulweg ist 587 m lang. Das sind rund** __________ **.**

7 **Sophie ist eine Leseratte. Sie sagt: „Am Wochenende habe ich rund 200 Seiten gelesen.“**

Wie viele Seiten hat Sophie mindestens gelesen? ____________

Wie viele Seiten kann Sophie höchstens gelesen haben? ____________

8 **Was machst du, wenn du die Zahl 74 runden sollst. Kreuze den richtigen Lösungsweg an!**

- ☐ Ich schaue auf den Zehner und runde die Zahl auf 80 auf.
- ☐ Ich schaue auf die Einer und runde die Zahl auf 70 ab.

- Schreibe richtig untereinander!
- Ziehe unter der Rechnung einen Strich!
- Beginne beim Addieren mit den Einern!

1 Addiere!

H	Z	E
3	5	7
2	4	2

H	Z	E
8	5	1
1	2	0

H	Z	E
2	3	4
7	6	5

H	Z	E
4	0	8
	7	1

H	Z	E
5	5	6
1	1	4

H	Z	E
4	5	8
3	2	3

H	Z	E
7	9	2
1	5	6

H	Z	E
4	7	3
	7	5

2 Addiere!

3	4	3
	6	0
1	3	5

4	6	8
2	6	7
	3	9

4	9	9
2	0	7
1	2	8

2	8	4
1	2	7
3	5	9

5	8	8
3	4	6
	4	5

2	9	6
1	2	8
3	2	6

7	1	2
	8	8
1	9	8

6	0	4
2	9	6
	7	2

1 **Die Zahl heißt 321. Vertausche die Zehnerstelle mit der Einerstelle und addiere beide Zahlen!**

2 **Die Zahl heißt 809. Bilde eine neue Zahl, indem du die Zehnerstelle weglässt! Addiere diese beiden Zahlen!**

3 **Bilde aus den Ziffernkarten 3 5 1 die kleinste und größte Zahl! Addiere die beiden Zahlen!**

4 **Leo addiert 456 und 345. Sein Ergebnis heißt 791. Schreibe die Addition auf und kontrolliere das Ergebnis!**

Ist Leos Addition richtig oder falsch?

____

5 **Addiere!**

698	855	296	587	604
272	45	128	326	296
____	____	____	____	____

1 Schreibe die schriftlichen Additionen an und löse sie!

3 H 7 Z 6 E + 4 H 5 Z 3 E

4 H 7 Z + 9 Z 5 E

5 H 8 E + 1 H 9 Z 6 E

2 Schreibe richtig untereinander und addiere schriftlich!

504, 231, 28

132, 326, 14

98, 195, 395

4, 378, 404

3 Finde die fehlenden Ziffern!

2	4	6
5	□	□
7	9	8

5	□	2
□	6	□
8	9	4

7	8	□
□	□	3
9	9	9

1	7	3
5	□	□
6	9	2

7	□	2
□	6	□
9	2	1

7	6	□
□	□	3
9	2	2

4 Kreuze an, welcher Fehler bei dieser Addition passiert ist!

508
437
935

- □ Es wurde statt plus minus gerechnet.
- □ Es wurde der Übertrag nicht berücksichtigt.
- □ Es wurde falsch untereinandergeschrieben.

Aus einer Sachsituation Informationen entnehmen

Diese Woche gibt es im Sportgeschäft folgende Angebote:

1 **Familie Hauser fährt zelten. Sie brauchen noch einen Rucksack und ein Zelt. Wie viel kostet sie das?**

2 **Frau Sportlich kauft sich ein Paar Laufschuhe und ein Paar Wanderstöcke. Wie viel Geld muss sie dafür ausgeben?**

3 **Anna kauft die günstigeren Inline-Skates. Wie viel spart sie?** ______

4 **Diese Woche kostet das Trampolin ______ €. Letzte Woche kostete es noch ______ €.**

5 **Anton hat 200 € gespart. Er träumt von neuen Fußballschuhen, einer Fußball-Fan-Kappe und einem Fußball. Kommt er mit seinem Geld aus? Schätze vorher!**

Schriftliches Multiplizieren

- Ziehe unter der Rechnung einen Strich!
- Beginne beim Multiplizieren mit den **Einern**!
- Schreibe richtig untereinander!

26 • 3
26 • 3
26 • 3
▼▼
78

1 Multipliziere!

H Z E	H Z E	H Z E	H Z E
4 5 • 7	1 3 2 • 4	7 9 • 9	2 0 8 • 3

H Z E	H Z E	H Z E	H Z E
1 9 7 • 4	8 6 • 9	3 0 9 • 3	9 8 • 8

2 Schreibe die Multiplikation auf und rechne!

121 mal 7 284 mal 3 69 mal 7 157 mal 6

3 Schreibe die Multiplikation auf und rechne!

Multipliziere dreiundvierzig mit 9! Multipliziere einhundertdrei mit 7!

38 + 38 + 38 + 38 ist genauso viel wie 4 mal 38

Die schriftliche Rechnung heißt 38 • 4

1 Rechne die Addition!

Schreibe daneben die Multiplikation und kontrolliere die Ergebnisse!

136
136
136
136
136

239
239
239
239

2 Ergänze die Zahlenreihe so, dass du multiplizieren kannst, und rechne!

76 + ____ + 76 + 76

145 + 145 + ____ + 145

3 Stimmen die Multiplikationen?

2 0 5 • 4	9 7 • 6	1 5 0 • 6	7 9 • 7
8 6 0	5 8 2	9 0 0	5 5 3
☐ ja ☐ nein	☐ ja ☐ nein	☐ ja ☐ nein	☐ ja ☐ nein

4 Ergänze!

1 3 ★ • 6	★ 0 8 • 8	★ 0 9 • 9	2 1 2 • ★
8 0 4	8 6 4	9 8 ★	8 4 8

Schriftliches Multiplizieren

Wenn 1 Stück 3 € kostet, dann kosten 5 Stück **m**ehr. ▶
Du musst **m**ultiplizieren!

1 **Frau Lipperl kauft für jeden ihrer drei Buben eine neue Hose. Sie bezahlt pro Hose 15 €.**

2 **Kreuze an!**

Wenn eine Eiskugel 0,90 € kostet, dann kosten 3 Eiskugeln

☐ mehr ☐ weniger

3 **Herr Tele hat zwei Kinder. Er kauft für jedes Kind ein Handy. Je Handy bezahlt er 23 €.**

4 **Aus einem voll besetzten Autobus schauen insgesamt 74 Augen heraus. Wie viele Augen schauen aus 4 voll besetzten Autobussen?**

5 **Der Großbauer Hofer hat insgesamt 103 Kühe, Kälber und Stiere in seinem Stall. Das sind ____________ Beine.**

1 **Frau Eisinger macht mit 9 Kindern eine Wanderung. Am Ende kauft sie jedem Kind eine Kugel Eis. Pro Kugel bezahlt sie 80 c. Wie viele € und c muss sie bezahlen?**

2 **Julian, Sophie, Leo und Jana treten dem Tennisclub bei. Pro Kind müssen die Eltern einen Mitgliedsbeitrag von 16 € bezahlen.**

3 **Die Bäuerin Ruth nimmt auf dem Markt folgende Geldbeträge ein.**

Dienstag	Donnerstag	Freitag	Samstag
41,03 €	31,00 €	49,28 €	43,90 €

4 **Die Verkäuferin verkauft vom teuersten Spielzeug 3 Stück und vom billigsten 9 Stück.**

Sie nimmt insgesamt ____________ ein.

SUPER, DAS KANN ICH!

1 **Runde die Zahlen 319, 772, 838 auf Hunderter!**

319 ◯ ________ ________ ◯ ________ ________ ◯ ________

2 **Verena meint: „Ich habe 767 auf Hunderter gerundet und als Ergebnis 770 erhalten.“ Stimmt das?**

☐ ja ☐ nein

3 **Auf welche Stelle musst du schauen, wenn du 67 auf Zehner runden sollst?**

Ich muss auf die ____________stelle schauen.

4 **Mathias hat die Addition so gerechnet: Welcher Fehler ist ihm passiert? Kreuze an!**

334
58
914

☐ Er hat den Übertrag vergessen und nicht weitergezählt.
☐ Er hat die Zahlen falsch untereinandergeschrieben.
☐ Er hat die Addition nicht fertig gerechnet.

5 **Magdalena hat die Multiplikation so gerechnet. Welchen Fehler hat sie gemacht? Kreuze an!**

260 • 3
783

☐ Sie hat bei den Hundertern zu rechnen angefangen.
☐ Sie hat den Übertrag nicht weitergezählt.
☐ Sie hat die Multiplikation mit Null falsch gerechnet.

6 **Das Katzenfutter für Minki kostet monatlich 15 €. Wie viel € muss Sebastian innerhalb eines halben Jahres für das Futter ausgeben?**

Kontrolliere die Lösungen! Denk an deine Belohnungssterne auf Seite 5!

SUPER, DAS KANN ICH!

1 **Addiere schriftlich!**

438 + 483   372 + 539   2 H 4 E + 5 Z 6 E   6 H 7 Z + 2 H 8 E

2 **Multipliziere schriftlich!**

67 mal 9   203 mal 4   1 H 1 Z 9 E mal 7   8 Z 9 E mal 8

3 **Auf der Digitalkamera befinden sich 334 Fotos. Wie viele Fotos sind das ungefähr? Das sind rund ______ Fotos.**

4 **Multipliziere 227 mit 3 und addiere anschließend 319!**

5 **Herr Sommer kauft im Baumarkt das ganze Gartenset.**

R:

A: ______________________________

Kontrolliere die Lösungen! Denk an deine Belohnungssterne auf Seite 5!

- Die größere Zahl muss **oben** stehen!
- Ziehe unter der Rechnung einen Strich!

456
−252

- Beginne beim Subtrahieren beim **Einer** der kleineren Zahl!

456
−252 ▲

1 **Subtrahiere!**

	H	Z	E		H	Z	E		H	Z	E		H	Z	E
	9	7	3		5	0	2		4	3	0		7	8	9
−	3	0	4	−	4	8	9	−	2	9	1	−	1	0	2

	H	Z	E		H	Z	E		H	Z	E		H	Z	E
	6	4	5		8	9	4		3	7	6		7	0	0
−	3	9	7	−	6	7	0	−	1	5	1	−	5	6	0

2 **Subtrahiere von 1000!**

	T	H	Z	E		T	H	Z	E		T	H	Z	E		T	H	Z	E
	1	0	0	0		1	0	0	0		1	0	0	0		1	0	0	0
−		4	7	6	−		5	0	6	−		3	7	0	−		6	7	8

3 **Mit diesen Zahlen soll subtrahiert werden: 645, 803.**
Welche Zahl muss oben stehen? ____________

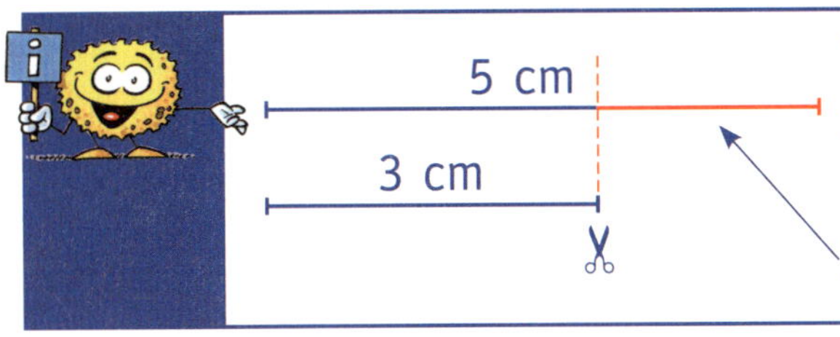

Von der größeren Strecke schneidet man die kleinere **weg**.

Das ist der **Unterschied**!

$$\begin{array}{r} 5 \\ -\ 3 \\ \hline 2 \end{array}$$

1 **Herr Milanovic fliegt von London nach New York. Um wie viele Stunden muss er seine Uhr zurückstellen?**

Er muss seine Uhr um ______ Stunden zurückstellen.

2 **Jonas geht 12 Minuten in die Schule.**
Beate braucht 21 Minuten bis zur Schule.
Berechne den Unterschied!

3 **Ein Haus ist 13 m hoch.**
Das andere Haus ist 48 m hoch.
Berechne den Unterschied!

1 **Schreibe diese Zahlen jeweils als Subtraktion auf und rechne!**

852, 921 | 1000, 602 | 790, 804

2 **Lisas Schulweg ist 834 m lang. Herbis Schulweg ist 705 m lang. Zwischen den Längen der Schulwege ist ein Unterschied! Man muss daher ______________________ . Rechne!**

3 **Kontrolliere die Subtraktionen! Rechne sie daneben aus!**

$$\begin{array}{r} 7\,6\,5 \\ -\ 5\,6\,7 \\ \hline 2\,9\,8 \end{array} \qquad \begin{array}{r} 8\,0\,3 \\ -\ 7\,6\,1 \\ \hline 4\,2 \end{array}$$

$$\begin{array}{r} 9\,0\,2 \\ -\ 7\,0\,5 \\ \hline 1\,9\,7 \end{array} \qquad \begin{array}{r} 5\,6\,9 \\ -\ 3\,8\,6 \\ \hline 2\,8\,3 \end{array}$$

Es sind ________ Subtraktionen falsch.

4 **Wie alt ist die Eiche?**

$$\begin{array}{r} 6\,0\,1 \\ -\ 4\,9\,8 \\ \hline \end{array}$$

________ Jahre

1 **Fredi Flink braucht am Morgen für das Waschen und Anziehen insgesamt 14 Minuten. Für das Herrichten des Frühstücks 11 Minuten, für das Essen des Frühstücks 15 Minuten. Zur Arbeit geht er 14 Minuten. Nach wie vielen Minuten sitzt Fredi Flink in seinem Büro?**

2 **Bilde aus den Ziffern auf der Tafel die größte und die kleinste Zahl. Subtrahiere diese beiden Zahlen!**

3 **Die Frau Lehrerin sagt: „So kannst du diese Subtraktion nicht anschreiben.“ Schau genau! Schreibe die Subtraktion richtig auf und rechne sie!**

	3	2	1
−	9	0	9

4 **Du musst einen Unterschied berechnen. Welche Rechenart brauchst du? Kreuze an!**

☐ Multiplikation ☐ Addition ☐ Subtraktion

5 **Die Großmutter ist 67 Jahre alt. Das Enkelkind Mia ist 9 Jahre alt. Was kannst du berechnen? Den ______________________ .**

Im Zoo

Der Löwe erreicht eine Schulterhöhe von 123 cm. Männliche Tiere kommen auf ein Körpergewicht von 200 kg.	Das Körpergewicht des Nashorns kann bis zu 3 t betragen. Seine Schulterhöhe beträgt etwa 1 m 70 cm.	Der Schimpanse kann bis zu 1 m 50 cm groß werden und wiegt etwa 50 kg.	Ein Elefantenbulle wird 3 m groß und 5 t schwer. Elefantenkühe sind kleiner und leichter als Bullen.	Kamele haben eine Schulterhöhe von 1 m 90 cm. Es gibt Kamele, die ein Gewicht von 150 kg erreichen und andere Arten, die zwischen 300 und 700 kg schwer werden.	Giraffen können eine Höhe von ungefähr 560 cm und ein Gewicht von 900 kg erreichen.

Wer bin ich?

1. Ich bin vier Mal so schwer wie ein Schimpanse. ______________
2. Ich bin das größte Tier und habe ein Gewicht von fast 1 t. ______________
3. Ich wiege um 2 t weniger als der Elefant. ______________
4. Ich bin das kleinste und leichteste Tier. ______________

Kreuze an was stimmt!

☐ Der Löwe wiegt 123 kg und wird bis zu 200 cm groß.
☐ Elefantenkühe werden 5 m groß und wiegen 7 t.
☐ Giraffen können eine Höhe von 5 m 6 dm erreichen.
☐ Ein Kamel kann 560 kg wiegen.

Ordne die Tiere nach ihrem Gewicht!

____ < ____ < ____ < ____ < ____ < ____

Ordne die Tiere nach ihrer Größe!

____ < ____ < ____ < ____ < ____ < ____

1 Wie viele Ziffern hat eine dreistellige Zahl? ____ Ziffern

2 Die Zahl heißt 950. Welchen Stellenwert hat die Ziffer 5?

____

3 Bei der Subtraktion steht die ______________ Zahl oben.

4 Zwischen welchen reinen Hundertern liegt die Zahl 637?
Zwischen _______ und _______

5 Bei welcher Stelle beginnst du bei der schriftlichen Addition?
____________-Stelle

6 Schreibe das Rundungszeichen auf! _______

7 Beim Runden auf Hunderter muss ich auf die _________ -Stelle schauen.

8 Bei welcher Zahl brauchst du die Null nicht schreiben. Kreuze an!

☐ 120 ☐ 102 ☐ 012

9 Die Operationszeichen < und > brauche ich zum _____________________ von Zahlen!

10 Wie heißt die kleinste zweistellige Zahl? ____________

11 Bei der schriftlichen Multiplikation beginne ich immer an der
__________-Stelle.

12 Ist 194 eine gerade oder eine ungerade Zahl? Kreuze an!

☐ 194 ist eine ungerade Zahl. ☐ 194 ist eine gerade Zahl.

13 Du berechnest mit der Subtraktion den _____________________ .

14 Wie heißt der kleinere Einernachbar von 860? _________

15 Wie heißt der größere Zehnernachbar von 480? ________

1 **Die kleine Hexe Miniwitsch lernt das Zaubern. Bei einem Teil des Hunderterfeldes hat sie einige Zahlen verhext. Hilf ihr beim Ergänzen der Zahlen!**

501	?	503	?	505	?	507	?	509	?
?	512	?	514	?	516	?	518	?	520
?	?	?	?	?	?	?	?	?	?

2 **Die Schwester von Miniwitsch heißt Maxiwitsch. Ihr ist das Hineinzaubern der fehlenden Zahlen auch nicht gelungen. Das sind auch Teile eines Hunderterfeldes.**

778	?	?
788		
	?	

345	?		?	?
	?	357		

3 **Wie viele dreistellige Zahlen kann man aus einer Ziffer bilden?**

____

4 **Geheimzeichen knacken**

Die Zahlen des linken Feldes sind Geheimzeichen für die Buchstaben des rechten Feldes:

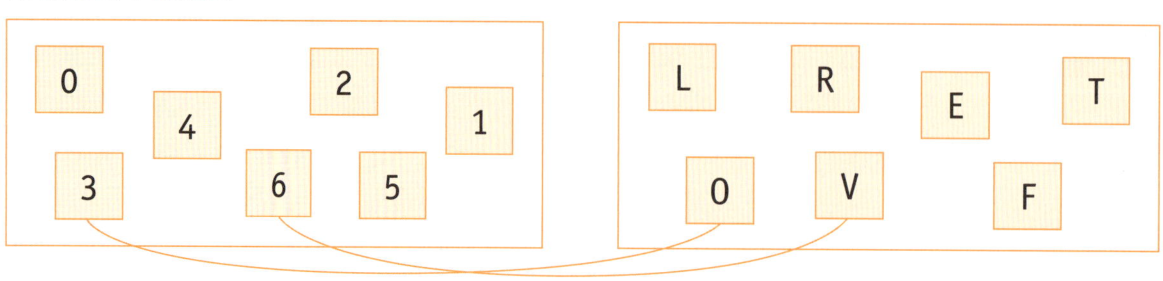

Was bedeutet dieses verschlüsselte Wort?

6	3	2	2	5	4	0	1	1	0	4
V	O	___	___	___	___	___	___	___	___	___

Für die Teilungsrechnungen musst du das Einmaleins sehr gut können!
Beim Teilen mit Rest muss der Rest kleiner sein als die Zahl, durch die du teilst.

1 Rechne!

33 : 4 = ____ R ____	65 : 9 = ____ R ____	45 : 7 = ____ R ____
39 : 7 = ____ R ____	77 : 8 = ____ R ____	27 : 4 = ____ R ____
61 : 8 = ____ R ____	53 : 6 = ____ R ____	29 : 7 = ____ R ____
49 : 5 = ____ R ____	50 : 6 = ____ R ____	38 : 8 = ____ R ____
11 : 2 = ____ R ____	26 : 3 = ____ R ____	20 : 3 = ____ R ____
19 : 5 = ____ R ____	39 : 4 = ____ R ____	17 : 2 = ____ R ____
17 : 3 = ____ R ____	19 : 2 = ____ R ____	48 : 5 = ____ R ____

2 Stimmt das Ergebnis? Setze für ja ☺, für nein ☹ ein!

14 : 3 = 4 R 2		0 : 4 = 0 R 3		39 : 5 = 7 R 3	
48 : 5 = 9 R 3		31 : 8 = 3 R 7		58 : 6 = 9 R 2	
9 : 6 = 1 R 3		28 : 5 = 5 R 3		20 : 7 = 2 R 6	
72 : 7 = 10 R 4		0 : 6 = 0 R 6		50 : 6 = 8 R 2	
15 : 7 = 2 R 2		15 : 4 = 4 R 1		16 : 2 = 7 R 2	
36 : 8 = 4 R 4		85 : 9 = 9 R 4		36 : 4 = 8 R 4	
85 : 8 = 9 R 1		32 : 5 = 6 R 5		28 : 3 = 9 R 1	
74 : 9 = 8 R 2		23 : 3 = 7 R 2		28 : 8 = 3 R 4	
28 : 3 = 9 R 3		44 : 6 = 7 R 2		82 : 9 = 8 R 10	
66 : 9 = 7 R 3		66 : 8 = 8 R 2		7 : 2 = 3 R 1	

3 Bemale alle Teilungsrechnungen, die 5 Rest haben, rot!

41 : 6		45 : 8		13 : 2		31 : 4		19 : 4
	30 : 5		86 : 9		17 : 3		54 : 7	
55 : 10		49 : 5		59 : 9		53: 8		40 : 7

1 Rechne 9 mal 6 und teile das Ergebnis durch 5! ________

2 Rechne 2 mal 7 und teile das Ergebnis durch 4! ________

3 Jetzt wird es schwierig!

____ : 9 = 2 R 8
____ : 5 = 5 R 2
____ : 7 = 7 R 5

____ : 6 = 3 R 1
____ : 4 = 8 R 3
____ : 2 = 6 R 1

____ : 3 = 4 R 2
____ : 8 = 3 R 4
____ : 10 = 9 R 6

____ : 4 = 6 R 1
____ : 6 = 7 R 2
____ : 8 = 5 R 3

4 Daniel teilt eine Zahl zwischen 10 und 13 durch 3. Es bleibt 2 Rest. Er hat ____ geteilt.

5 Leonie teilt eine Zahl zwischen 26 und 28 durch 7. Es bleibt 6 Rest. Welche Zahl hat sie geteilt? ________

6 Ergänze!

____ : 8 = 4 R 3
59 : 9 = ________

39 : ____ = 6 R 3
64 : ____ = 9 R 1

7 Suche den Teiler!

33 : ____ = 5 R 3
61 : ____ = 9 R 7
42 : ____ = 8 R 2

52 : ____ = 6 R 4
79 : ____ = 8 R 7
28 : ____ = 5 R 3

50 : ____ = 7 R 1
55 : ____ = 9 R 1
25 : ____ = 3 R 1

37 : ____ = 9 R 1
15 : ____ = 7 R 1
13 : ____ = 4 R 1

8 Suche eine Teilungsrechnung mit 38, bei der 2 Rest bleibt!

________ = ____ R ____

TEILUNGSRECHNUNGEN MIT REST

1 **Teile!**

21 : 9 = ___ R ___	34 : 9 = ___ R ___	50 : 9 = ___ R ___
18 : 8 = ___ R ___	22 : 6 = ___ R ___	69 : 7 = ___ R ___
23 : 5 = ___ R ___	34 : 4 = ___ R ___	26 : 3 = ___ R ___
13 : 3 = ___ R ___	11 : 2 = ___ R ___	17 : 2 = ___ R ___
31 : 8 = ___ R ___	52 : 8 = ___ R ___	49 : 6 = ___ R ___
13 : 5 = ___ R ___	17 : 3 = ___ R ___	24 : 5 = ___ R ___
61 : 7 = ___ R ___	30 : 8 = ___ R ___	67 : 8 = ___ R ___
55 : 6 = ___ R ___	33 : 4 = ___ R ___	21 : 6 = ___ R ___
23 : 3 = ___ R ___	48 : 7 = ___ R ___	35 : 9 = ___ R ___
22 : 4 = ___ R ___	37 : 5 = ___ R ___	26 : 4 = ___ R ___

2 **Überprüfe, ob die Rechnungen stimmen! Wenn ja, mache ein ✔, wenn nein, verbessere sie!**

25 : 6 = 4 R 1 ___	45 : 7 = 6 R 3 ___	17 : 2 = 8 R 1 ___
48 : 9 = 5 R 4 ___	22 : 9 = 2 R 4 ___	44 : 8 = 5 R 4 ___
38 : 6 = 6 R 2 ___	24 : 5 = 5 R 4 ___	40 : 6 = 5 R 4 ___
20 : 3 = 6 R 1 ___	43 : 7 = 6 R 1 ___	39 : 5 = 7 R 4 ___

3 **Bei welchen Rechnungen ist der Rest 7?**

71 : 8   89 : 9   87 : 10   23 : 8   39 : 8   57 : 10

4 **Teresa sagt: „Ich habe in 20 Tagen Geburtstag.“ Wie viele Wochen und Tage sind das?**

R:

A: ___

5 **Beim Geburtstagsfest wurden 32 Schwedenbomben gegessen. Wie viele Packungen zu je 6 Schwedenbomben hat Frau Müller gekauft?**

R:

A: ___

1 Ergänze die Zahlen!

	•	10	=	80
:		:		:
	•		=	
=		=		=
2	•	5	=	

6	•	8	=	
:		:		:
2	•		=	
=		=		=
	•	2	=	6

2 Mit welcher Zahl musst du multiplizieren oder dividieren, damit du von einer gegebenen Zahl zur nächsten kommst?

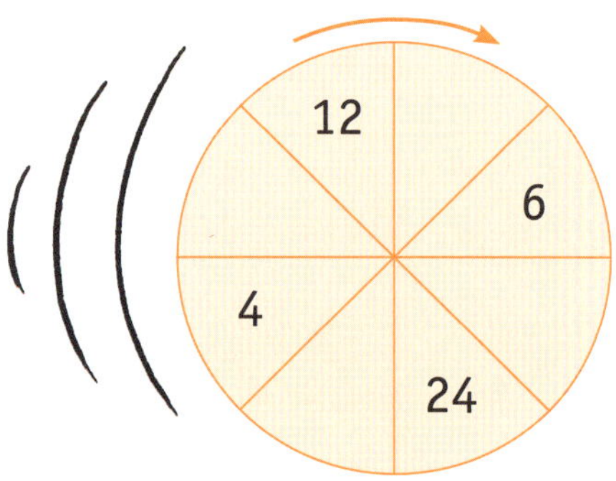

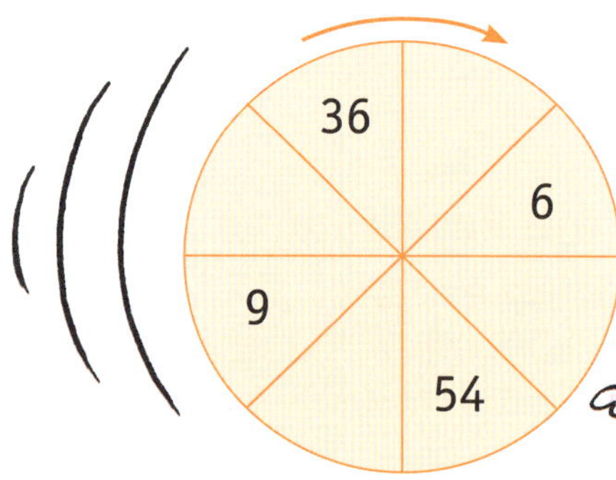

3 Stephanie stellt ihrem Bruder ein Rechenrätsel. „Ich denke mir eine Zahl. Du erhältst sie, wenn du den Unterschied zwischen 856 und 478 berechnest. Verdopple dann das Ergebnis und teile es durch 6. Wie heißt meine Zahl?"

4 Rechenmauern

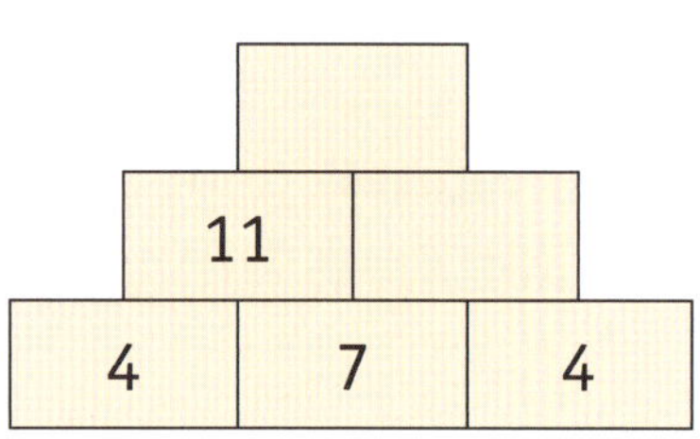

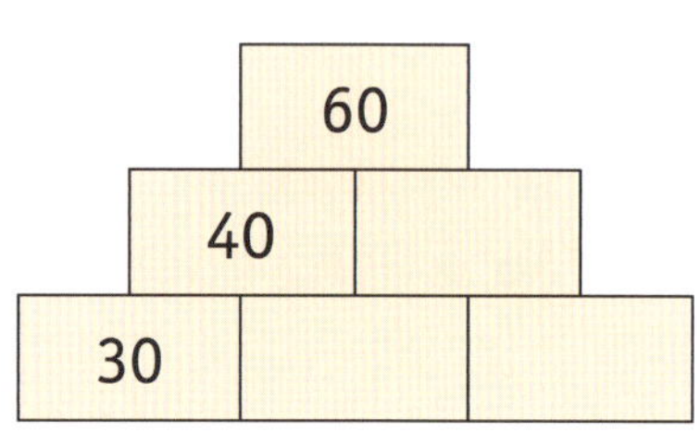

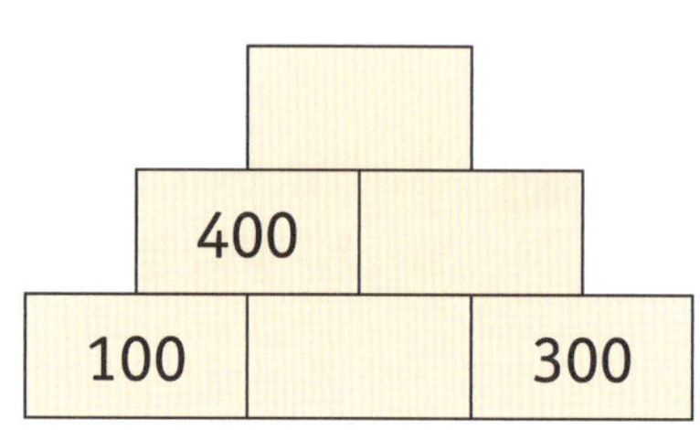

1 Dividiere – es bleibt kein Rest!

H	Z	E		H	Z	E
7	2	5	: 5 =			

H	Z	E		H	Z	E
8	2	2	: 6 =			

H	Z	E		H	Z	E
9	2	0	: 8 =			

H	Z	E		H	Z	E
8	3	3	: 7 =			

H	Z	E		H	Z	E
6	7	6	: 4 =			

H	Z	E		H	Z	E
3	7	6	: 2 =			

H	Z	E		H	Z	E
5	3	1	: 3 =			

H	Z	E		H	Z	E
9	1	2	: 8 =			

H	Z	E		H	Z	E
8	8	9	: 7 =			

H	Z	E		H	Z	E
9	8	4	: 6 =			

1 Dividiere – es kann ein Rest bleiben!

H	Z	E
8	5	7

: 7 =

H	Z	E

H	Z	E
9	7	3

: 8 =

H	Z	E

H	Z	E
7	2	6

: 6 =

H	Z	E

H	Z	E
5	6	5

: 3 =

H	Z	E

H	Z	E
4	9	6

: 4 =

H	Z	E

H	Z	E
8	5	5

: 5 =

H	Z	E

H	Z	E
7	6	1

: 2 =

H	Z	E

H	Z	E
9	6	8

: 6 =

H	Z	E

H	Z	E
9	5	5

: 5 =

H	Z	E

H	Z	E
8	4	9

: 7 =

H	Z	E

1 **Bestimme den Stellenwert und dividiere dann!**

H	Z	E		Z	E
2	4	5	: 7 =		

H	Z	E		Z	E
1	7	2	: 4 =		

H	Z	E		Z	E
3	2	8	: 6 =		

H	Z	E		Z	E
4	5	6	: 8 =		

H	Z	E		Z	E
2	7	1	: 4 =		

H	Z	E		Z	E
1	5	6	: 3 =		

H	Z	E		Z	E
4	1	3	: 5 =		

H	Z	E		Z	E
4	4	8	: 6 =		

H	Z	E		Z	E
8	5	5	: 9 =		

H	Z	E		Z	E
6	4	4	: 7 =		

Die Probe zur Division ist die Multiplikation!

1 **Dividiere und mache die Probe!**

5 8 9 : 4 = ______ ▶ ______ • 4 ▶ ______ + ______ R = ______

9 8 8 : 9 = ______ ▶ ______ • 9 ▶ ______ + ______ R = ______

7 5 4 : 7 = ______ ▶ ______ • 7 ▶ ______ + ______ R = ______

6 3 7 : 5 = ______ ▶ ______ • 5 ▶ ______ + ______ R = ______

8 7 1 : 8 = ______ ▶ ______ • 8 ▶ ______ + ______ R = ______

1 In einem Garten steht eine Regentonne, in der sich 120 l Wasser befinden. Wie oft kann Frau Peter aus der Regentonne schöpfen, wenn die Gießkanne 8 l fasst?

2 Bauer Huber teilt 150 kg Erdäpfel in Säcke zu je 5 kg auf. Wie viele Säcke kann er befüllen?

3 60 kg Marillen werden auf Steigen zu je 5 kg aufgeteilt. Wie viele Steigen werden benötigt?

4 Tamara meint: „0 : 6 = 6." Severin dagegen denkt: „0 : 6 = 0."
Wer hat falsch gedacht? ____________________

5 Eine dritte Klasse hat 24 Schüler. Beim Geräteturnen werden 3 gleich große Gruppen gebildet. Eine Gruppe besteht aus ______ Schülern und Schülerinnen.

6 Wenn du die Hälfte von etwas berechnest, musst du durch _____ dividieren.

1 Berechne den siebten Teil von 882!

2 Addiere 462 und 374 und dividiere anschließend durch 4!

3 Verdreifache die Zahl 272 und dividiere dann durch 8!

4 Subtrahiere von 1000 die Zahl 645 und teile das Ergebnis durch 5!

5 Verdopple die Zahl 275 und ergänze dann auf 1000!

6 Berechne die Hälfte von 700 im Kopf! ____________

7 Berechne das Doppelte von 250 im Kopf! ____________

8 Der fünfte Teil von 1000 ist ____________.

Super, das kann ich!

1 **Schreibe die Zahlen richtig untereinander und addiere!**

476, 328 | 5 H 4 E, 7 Z 9 E | 574, 256, 68

2 **Subtrahiere!**

1000, 514 | 8 H 6 Z, 3 H 4 Z 7 E | 923, 299

3 **Multipliziere!**

87 mal 7 | 2 H 5 Z mal 4 | 176 mal 5

4 **Dividiere!**

627 : 3 = | 800 : 5 = | 711 : 9 =

Kontrolliere deine Lösungen! Denk an deine Belohnungssterne auf Seite 5!

SUPER, DAS KANN ICH!

1 **Im Hotel Steindl gibt es 310 Zimmer. Es gibt 124 Doppelzimmer, 5 Einbettzimmer, 23 Familienzimmer und der Rest sind Dreibettzimmer.**

2 **Setze die Zahlen richtig ein: 43 452**

Beim Elternsprechtag verkaufen die ______ SchülerInnen der beiden 3. Klassen belegte Brote. Sie nehmen dafür ______ € ein. Wie viel Euro sind das pro Klasse?

3 **Die Klassenlehrerin hat zu Beginn des Schuljahres von jedem ihrer 21 Schüler 7 € Bastelbeitrag eingesammelt. Wie viel Geld ist das insgesamt?**

4 **Setze die Zahlen richtig ein: 359 55 148 156**

Die Schulbücherei wird neu eingerichtet. Daher muss die Anzahl der Bücher erfasst werden. Es gibt in der Schule ______ Bücher als Klassenlesestoff, ______ Sachbücher und ______ Bilderbücher. In der Bücherei müssten ______ Bücher sein.

5

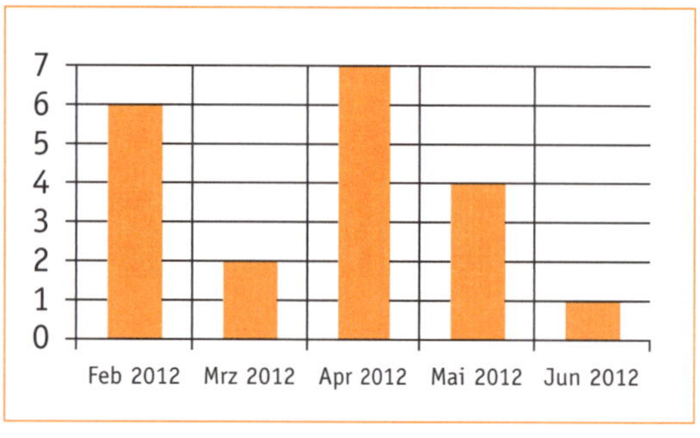

Lena liest gerne. Auf dieser Übersicht kannst du feststellen, dass sie im Februar ______ Bücher gelesen hat. Im März hat sie ______ Bücher gelesen. Im Juni hat das Mädchen nur ______ Buch gelesen. Am meisten hat sie im Monat ______ gelesen.

Kontrolliere die Lösungen! Denk an deine Belohnungssterne auf Seite 5!

100 c = 1 €
Nach dem Komma müssen immer 2 Stellen sein!

1 **Schreibe die Geldbeträge in Kommaschreibweise an!**

5 € 19 c = ______	89 c = ______	1 € 5 c = ______
99 c = ______	4 € 43 c = ______	11 € 36 c = ______
579 € = ______	59 € 80 c = ______	249 € = ______
59 c = ______	5 c = ______	2 c = ______

2 **Schreibe die Geldbeträge in Euro und Cent an!**

1,49 € = ______	15,99 € = ______	0,29 € = ______
0,39 € = ______	109,09 € = ______	0,07 € = ______
379,00 € = ______	79,05 € = ______	999,00 € = ______
0,10 € = ______	0,01 € = ______	64,69 € = ______

3 **Frau Pommer bekommt diese Rechnung im Stadtcafe.**

Wie viel bezahlt sie? ______

Sie gibt der Kellnerin einen 10-€-Schein.
Wie viel Geld bekommt sie als Wechselgeld zurück? ______
Sie lässt den Centbetrag als Trinkgeld liegen und steckt nur die Euro in die Geldtasche.
Das sind ______ €.

Rechnen mit Euro und Cent

Beim Dividieren von gemischten Geldbeträgen musst du zuerst in Cent umwandeln!

1 **Fünf Schaumrollen kosten 4,90 €. Wie viel Cent kostet eine Schaumrolle?**

2 **Frau Müller geht einkaufen. Sie bezahlt für**

- 1 kg Tomaten 1,49 €
- 700 g Käse 3,49 €
- 6 Flaschen Apfelsaft 7,74 €
- 500 g Erdbeeren 2,58 €

Wie viele € und c kostet alles zusammen?

3 **Waschpulver kostet im Angebot statt 11,99 € nur 7,49 €.**

4 **Eine Tafel Schokolade kostet im Angebot 0,36 €. Frau Süß kauft drei Tafeln.**

Rechnen mit Euro und Cent

1 Thomas bekommt neue Turnschuhe und einen Rucksack.

2 Sarah kauft sich von ihrem Taschengeld eine DVD und ein Buch.

3 Berechne den Preisunterschied zwischen MP3-Player und Rucksack!

4 Frau Müller kauft für ihre drei Kinder Socken.

5 Suche den Preis, der an der Zehnerstelle 2 hat. ______________________

6 Was kostet um 10 c weniger als 40 €? ______________________

7 Was ist am billigsten? ______________________

8 Was kannst du mit 10 € einkaufen? ______________________

9 Was kostet um 79 c mehr als 1 €? ______________________

1 **Jana geht zum Bäcker und kauft ein Kipferl um 68 c. Sie bezahlt mit einer 2-€-Münze. Wie viel Geld bekommt sie zurück?**

2 **Herr Jakob hat in seiner Geldtasche zwei Geldscheine. Es sind insgesamt 100 €. Welche Geldscheine sind das?**

3 **Sophie zählt ihr Geld. Sie hat zwei 50-Cent-Stücke, drei 10-Cent-Stücke, vier 2-Cent-Stücke und ein 1-Cent-Stück.**

4 **Schreibe mit den Geldbeträgen eine Sachaufgabe, bei der man subtrahieren muss.** **100,00 €** **46,23 €**

Für Treibstoff bezahlt Herr Berger an der Tankstelle ______

5 **Eine Kinokarte kostet 6,90 €. Frau Grill geht mit ihren zwei Kindern in die Vorstellung.**

Abgerundet werden:
10 c, 20 c, 30 c, 40 c

1 € 30 c ≈ 1 €
1,30 € ≈ 1 €

also

Aufgerundet werden:
50 c, 60 c, 70 c, 80 c, 90 c

1 € 50 c ≈ 2 €
1,50 € ≈ 2 €

1 Runde auf Euro!

3 € 40 c ≈ ______
1 € 10 c ≈ ______
2 € 60 c ≈ ______

4 € 90 c ≈ ______
70 c ≈ ______
9 € 30 c ≈ ______

2 € 20 c ≈ ______
10 € 80 c ≈ ______
5 € 60 c ≈ ______

2 Zähle den Geldbetrag! Schreibe ihn auf und runde auf Euro!

______ ≈ ______

______ ≈ ______

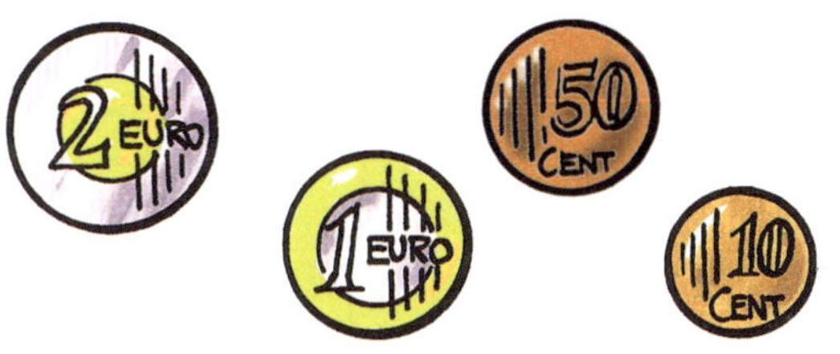

______ ≈ ______

______ ≈ ______

3 Runde auf Euro!

7,40 € ≈ ______
2,50 € ≈ ______
5,20 € ≈ ______

23,10 € ≈ ______
3,70 € ≈ ______
1,60 € ≈ ______

0,90 € ≈ ______
11,30 € ≈ ______
4,80 € ≈ ______

4 Stimmt das? Kreuze an!

Wilfried bezahlte für Pommes frites 2,20 €. Das sind rund 2 €.

☐ ja ☐ nein

1 Rechne im Kopf! Runde dann auf Euro!

1,50 € + 0,20 € + 4 € = ____________ ▶ Das sind rund ____________

9,70 € – 2,30 € + 1,10 € = ____________ ▶ Das sind rund ____________

5,60 € + 2,40 € + 2,40 € = ____________ ▶ Das sind rund ____________

10 € – 4,10 € + 2,20 € = ____________ ▶ Das sind rund ____________

2 Frau Ute geht einkaufen. Runde die einzelnen Geldbeträge und rechne im Kopf!

Milch	1,10 €
Butter	1,30 €
Bananen	2,50 €
Wurst	4,40 €

Das sind rund ____________.

Brot	2,70 €
Käse	2,40 €
Limonade	0,70 €
Schinken	5,80 €

Das sind rund ____________.

Ananas	2,30 €
Tomaten	1,90 €
Salat	0,60 €
Paprika	2,80 €

Das sind rund ____________.

3 Nimm einen roten Stift und streiche die falsch gerundeten Geldbeträge durch!

7,90 € ≈ 8 €	5,50 € ≈ 5 €	3 € 60 c ≈ 3 €
27,10 € ≈ 27 €	10,40 € ≈ 11 €	0,70 € ≈ 1 €
6,70 € ≈ 6 €	2,20 € ≈ 3€	7 € 20 c ≈ 8 €

Es sind ________ gerundete Geldbeträge falsch!

4 Die Großmutter geht mit Teresa in die Konditorei. Sie bezahlt für einen Kaffee 2,10 € und für einen Eisbecher 5,60 €. Schreibe den gesamten gerundeten Geldbetrag auf! ____________

5 Wenn man 6,70 € und 5,20 € rundet und addiert, dann heißt das gerundete Ergebnis ________.

Bei den Längenmaßen musst du die Umwandlungszahlen kennen.
So sieht die Maßreihe in der richtigen Reihenfolge aus!

km		m		dm		cm		mm
	⇔ 1000		⇔ 10		⇔ 10		⇔ 10	

1 **Ergänze die fehlenden Maßbezeichnungen!**

km		dm		

				mm

2 **Auf dem Lineal sind die Maßeinheiten dm, cm und mm dargestellt. Ordne richtig zu!**

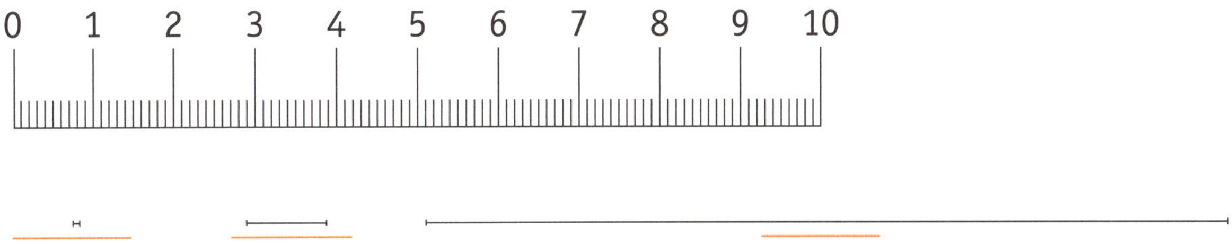

3 **Was ist 10-mal größer als 1 dm?** ________

Was ist 1000-mal größer als 1 m? ________

4 **Wandle in cm um!**

1 m = ______________________________ 6 m 10 cm = ______________________

1 m 1 dm = ________________________ 3 dm 1 cm = ______________________

1 m 25 cm = _______________________ 4 m 4 dm = _______________________

1 m 3 cm = ________________________ 2 dm 5 cm = ______________________

3 m 2 cm = ________________________ 4 dm 32 cm = _____________________

1 Finde die einzelnen Maße!

12 dm = ______ 1000 m = ______

365 cm = ______ 56 cm = ______

24 dm = ______ 720 mm = ______

280 cm = ______ 98 mm = ______

2 Wandle in das jeweils kleinste Maß um!

1 dm 3 mm = ______ 8 m 7 cm = ______

3 cm 5 mm = ______ 3 dm 5 mm = ______

2 dm 8 cm = ______ 9 m 3 dm = ______

2 m 8 dm 1 cm = ______ 6 cm 2 mm = ______

3 Zeichne die Strecken!

5 cm ______

3 cm 2 mm ______

4 cm 2 mm ______

1 dm ______

8 cm 2 mm ______

72 mm ______

4 Vergleiche die Längen miteinander und setze <, > oder = ein!

50 mm ◯ 5 cm	1000 mm ◯ 1 m	45 cm ◯ 4 m 5 dm
8 cm 3 mm ◯ 73 mm	7 m 40 cm ◯ 74 dm	7 cm 3 mm ◯ 80 mm
3 m 4 dm 8 cm ◯ 348 mm	2 dm 3 mm ◯ 23 cm	1 m 6 dm ◯ 160 cm
7 dm 4 mm ◯ 74 cm	8 m 4 cm ◯ 840 cm	9 m 9 cm ◯ 909 cm

5 Berechne den Unterschied zwischen 3 m 80 cm und 355 cm.

6 Zähle von einem Meter 374 mm weg.

7 Susi sagt: „1 m 3 dm 5 cm und 5 cm dazu sind 140 cm!“ Stimmt das?

1 **Kreuze grün an, was man in mm misst! Kreuze rot an, was man in cm misst! Kreuze gelb an, was man in m misst!**

2 **Ergänze auf 1 km!**

1 km	
850 m	
	240 m
374 m	

1 km	
	768 m
	140 m
532 m	

3 **Mache ein ✔, wenn die Gleichung richtig ist, und verbessere, wenn sie falsch ist!**

342 cm = 3 m 42 cm ☐ ______________________

642 dm = 6 m 42 dm ☐ ______________________

3 m 4 cm = 340 cm ☐ ______________________

603 mm = 6 cm 3 mm ☐ ______________________

73 dm = 730 cm ☐ ______________________

1000 m = 10 km ☐ ______________________

4 **Mit welchen vier Holzabschnitten kannst du 1 m zusammensetzen?**

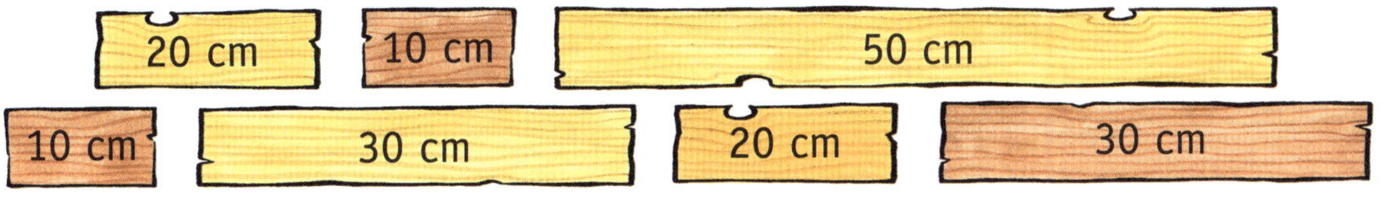

Setze richtig zusammen! Finde 3 Möglichkeiten!

Lukas und Sabrina wollen wandern gehen!

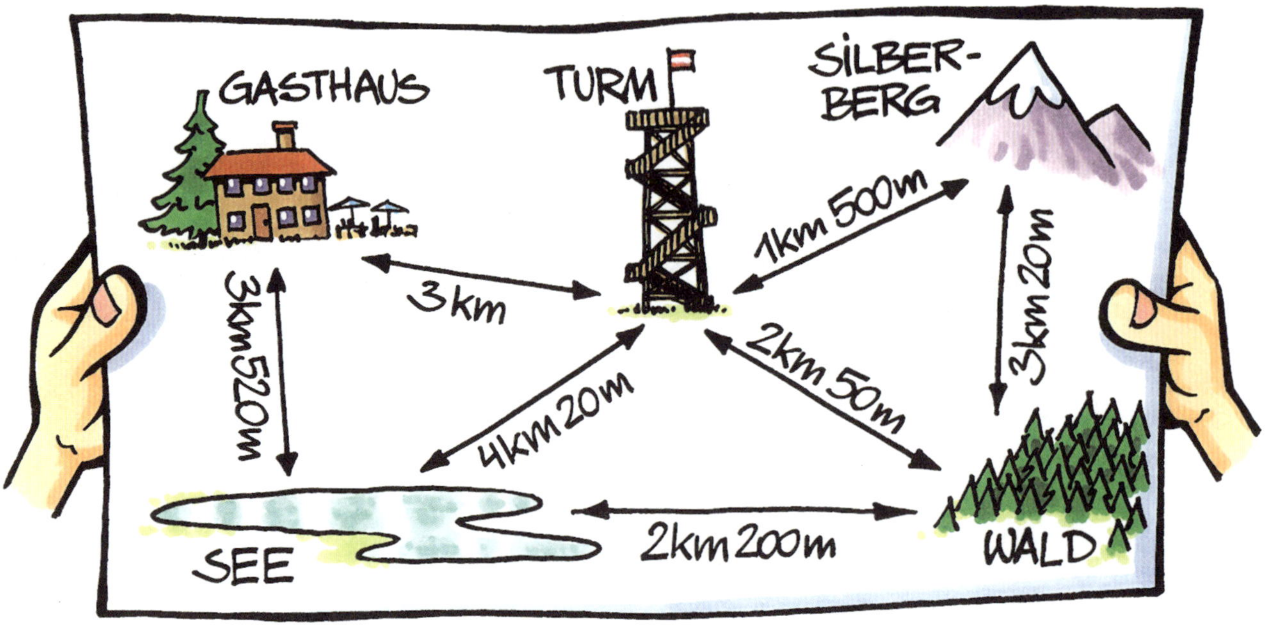

1 Sie wollen vom Gasthaus zum Silberberg, dann zum Wald und schließlich zum See spazieren. Wähle die kürzeste Strecke aus!

2 Sie gehen vom See aus insgesamt 6 km 520. Wie heißt ihr Ziel?

3 Wie viele km und m sind es vom Wald zum Gasthaus? Sie wählen den Weg über den See und den Turm!

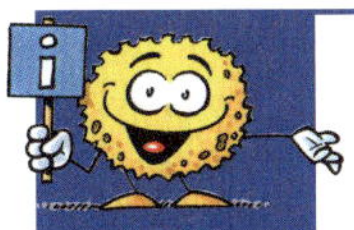

So ein Bild mit einer Skala mit Zahlen nennt man Diagramm.

Man kann Anzahlen eintragen oder ablesen.

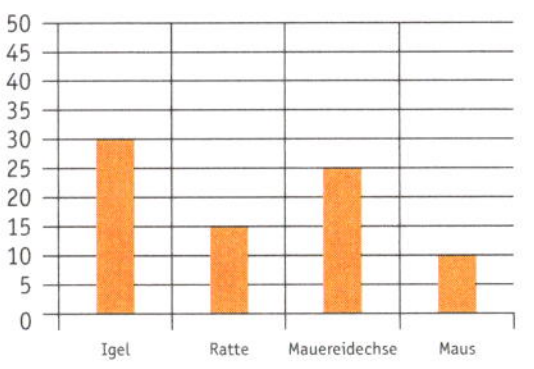

1 **Trage im Diagramm folgende Anzahlen ein! Bemale die jeweilige Spalte!**

Von Wien nach Paris sind es ungefähr 1 000 km.
Von Wien nach Rom sind es ungefähr 700 km.

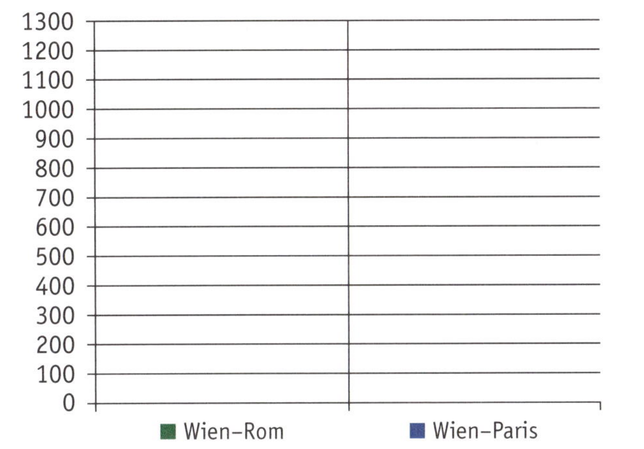

2 **Sophia liest vom Diagramm die Länge von Tieren ab. Die Angaben sind in cm!**

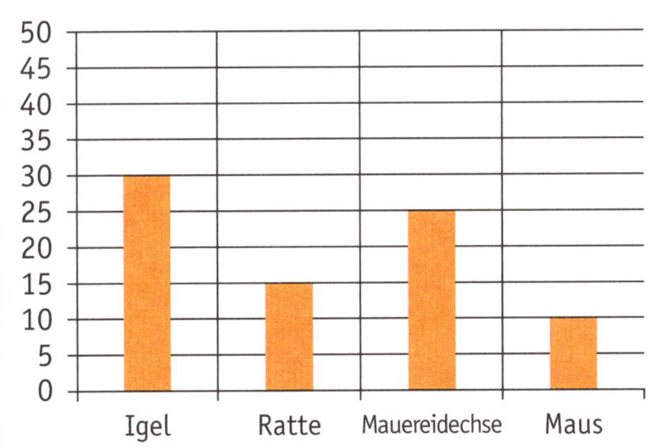

Igel	ungefähr	______
Ratte	ungefähr	______
Mauereidechse	ungefähr	______
Maus	ungefähr	______

3 **Die ungefähre Höhe der Berge ist in m angegeben.**

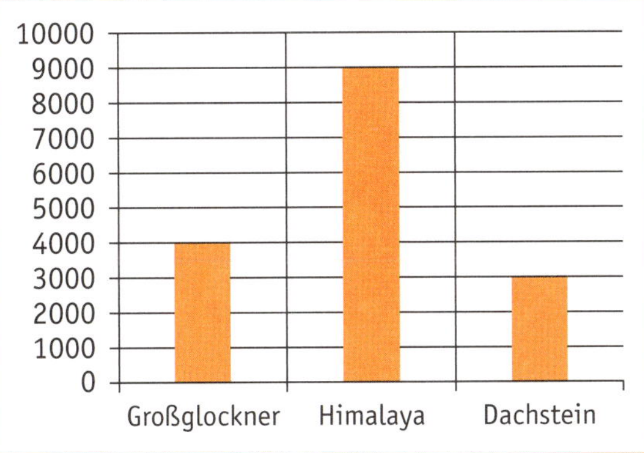

Himalaya	ungefähr	______
Dachstein	ungefähr	______
Großglockner	ungefähr	______

1 Falscher Zeitungsbericht

In diese Texte haben sich Fehler eingeschlichen. Finde die Fehler! Stelle die falschen Angaben richtig!

Im Tiergarten Schönbrunn gibt es Nachwuchs. Heute hat Elefantendame Numbi ein 112 Gramm schweres Elefantenbaby bekommen.

____

Frau Mira brachte gestern ein gesundes Baby auf die Welt.

Es ist 1 m 52 cm groß.

____

Die Schuluhr zeigte 20.00 Uhr und für die Kinder der Volksschule begann der Kinderfasching.

____

Josefine F. stolperte über eine Gießkanne, die mit 10 m Wasser gefüllt war und brach sich dabei das Bein.

____

Karl P. sprang beim Hochsprung 245 km hoch.

____

2

Finde drei Zahlen, die nebeneinander oder untereinander das Ergebnis 1 000 ergeben. Kreise sie ein!

155	345	500
745	255	100
100	400	400

620	100	280
210	450	240
70	450	480

Du musst die Umwandlungszahlen kennen.
Du musst die Maßreihe in dieser Reihenfolge kennen!

t		kg		dag		g
	⇔		⇔		⇔	
	1000		100		10	

1 **Ergänze die fehlenden Maßbezeichnungen!**

t		dag	

			g

2 **Wandle in dag um!** **1 kg = 100 dag**

1 kg = ______________ 5 kg 10 dag = ______________

1 kg 25 dag = ______________ 3 kg 4 dag = ______________

1 kg 50 dag = ______________ 2 kg 10 dag = ______________

1 kg 3 dag = ______________ 1 kg 5 dag = ______________

2 kg 41 dag = ______________ 10 kg = ______________

3 kg 2 dag = ______________ 9 kg 90 dag = ______________

3 **Wie viel dag fehlen von 75 dag auf 1 kg?** ______________

4 **Tina zählt von 1 kg das Gewicht von 43 dag weg.** ______________

5 **Sind 45 dag plus 55 dag genauso viel wie 1 kg?** ______________

6 **Welches Maß erhält man, wenn 1 kg durch 100 geteilt wird?**

1 Finde die einzelnen Maße!

100 dag = 1 kg

199 dag = ______ 210 dag = ______

102 dag = ______ 131 dag = ______

450 dag = ______ 500 dag = ______

301 dag = ______ 112 dag = ______

240 dag = ______ 1000 dag = ______

100 dag = ______ 206 dag = ______

2 Rechne im Kopf!

1 kg = 100 dag

1 kg – 29 dag = ______ 2 kg – 1 kg 15 dag = ______

1 kg – 9 dag = ______ 4 kg – 2 kg 4 dag = ______

2 kg – 45 dag = ______ 3 kg – 2 kg 50 dag = ______

5 kg – 60 dag = ______ 10 kg – 9 kg 99 dag = ______

1 kg – 1 dag = ______ 6 kg – 4 dag = ______

2 kg – 89 dag = ______ 3 kg – 2 kg = ______

3 Trage die Gewichtsangaben richtig ein!

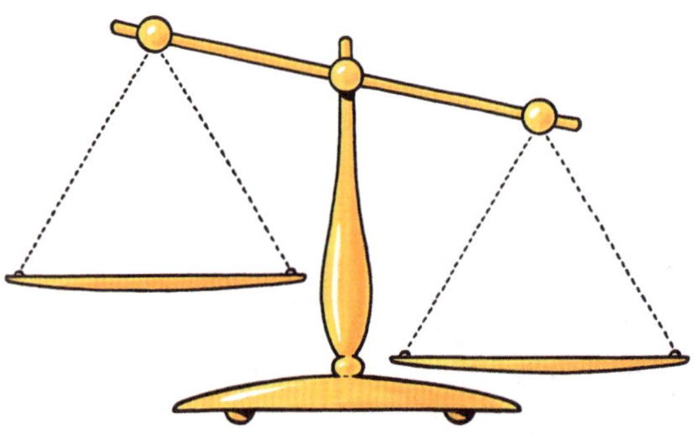

2 kg	1 kg 28 dag	3 kg 4 dag	3 kg 10 g

1 **Wandle in g um!** **1 dag = 10 g**

5 dag = ______ 10 dag = ______

19 dag = ______ 1 dag = ______

40 dag = ______ 50 dag = ______

20 dag = ______ 2 dag = ______

25 dag = ______ 15 dag = ______

8 dag = ______ 30 dag = ______

2 **Ergänze die Gewichtsangaben!**

Risa wohnt in Österreich. In Österreich kauft man Lebensmittel in dag.

Ralph wohnt in Deutschland. In Deutschland kauft man Lebensmittel nur in g.

20 dag Käse ► ______ Käse

______ Schinkenwurst ◄ 100 g Schinkenwurst

15 dag Extrawurst ► ______ Extrawurst

______ Leberkäse ◄ 250 g Leberkäse

3 **Ergänze die Gewichtsangaben!**

In österreichischen Kochbüchern stehen die Rezepte auch in dag.

In deutschen Kochbüchern stehen die Rezepte in g.

30 dag Mehl ► ______ Mehl

______ Zucker ◄ 140 g Zucker

______ Nüsse ◄ 150 g Nüsse

7 dag Vanillezucker ► ______ Vanillezucker

1 **Ergänze auf 1 kg!**

2 **Rechne von 1 kg weg!**

1 kg = 1000 g

1 g + ______ = 1 kg	1 kg – 45 g = ______
56 g + ______ = 1 kg	1 kg – 99 g = ______
100 g + ______ = 1 kg	1 kg – 238 g = ______
560 g + ______ = 1 kg	1 kg – 500 g = ______
999 g + ______ = 1 kg	1 kg – 222 g = ______
365 g + ______ = 1 kg	1 kg – 703 g = ______

3 **Was ist größer als 2 dag? Kreuze an!**

☐ 10 g ☐ 40 g ☐ 100 g ☐ 5 g ☐ 20 dag

4 **Wie viele g fehlen von 3 g auf 10 g?** ______

5 **Setze die Zahlen richtig ein!** **40** **140** **100**

Vater braucht für den Kuchen ______ g Butter.
Er findet im Kühlschrank nur mehr ______ g.
Deshalb muss er noch ______ g Butter einkaufen.

6 **Setze die Zahlen richtig ein!** **30 kg** **300 kg** **15 kg**

Ein großer Stein wiegt ______.
Zwei solche Steine wiegen ______.
Zehn solche Steine wiegen ______.

7 **Ella hat beim Spazierengehen eine Waldmaus gefunden. Sie wiegt die kleine Maus ab. Das Gewicht ist die ungerade Zahl zwischen 20 g und 23 g. Die Waldmaus wiegt ______.**

Gewichte

1000 Kilogramm sind genauso viel wie 1 Tonne.

1000 kg = 1 t   1 t = 1000 kg

1 **Ein PKW wiegt ohne Ladung ungefähr 1 t.**
Was ist schwerer oder leichter als 1 t? Kreuze an!

	schwerer	leichter
eine Lokomotive		
ein Baby		
eine Ameise		
ein großes Lastauto		
ein Erwachsener		
eine volle Schultasche		
ein Waggon		
eine Fliege		
ein Düsenflugzeug		

2 **Der Elefant Bobby wog bei seiner Geburt 100 kg. Wie viele kg fehlen auf 1 t?**

____

3 **Der junge Elefant Robby wiegt bereits 999 kg. Wie viele kg fehlen auf 1 t?**

____

4 **Wie viel kg hat eine Tonne?**

____

1 Ergänze!

1 t	
556 kg	
290 kg	
	489 kg
	199 kg

1 t	
655 kg	
1 kg	
	706 kg
	350 kg

2 Vor einer Brücke steht dieses Verkehrszeichen.

Dürfen ein Lastauto mit 7 t,
ein Auto mit 1 t,
ein Kranwagen mit 8 t
gleichzeitig auf der Brücke sein?

____

3 Auf einen kleinen Lastwagen sollen 5 Waschmaschinen mit je 200 kg aufgeladen werden.

Wiegen diese 5 Waschmaschinen zusammen 1 t? ______________________

4 Da stimmt etwas nicht!

1 t – 555 dag = 445 kg

Kreuze die Begründung an!

☐ Es wurde ein Rechenfehler gemacht.
☐ Die Maßbezeichnung ______ ist falsch.

5 Einige Maßbezeichnungen sind falsch. Stelle daneben richtig!

Für die Kinderjause richtet die Mutter einen Teller mit 25 kg Käse her. Die ganze Geburtstagstorte wiegt 50 g. Der Laib Brot wiegt 1 kg. Auf einem anderen Teller hat die Mutter 20 t Wurst hergerichtet.	Für die Kinderjause richtet die Mutter einen Teller mit ______ Käse her. Die ganze Geburtstagstorte wiegt ______. Der Laib Brot wiegt ______. Auf einem anderen Teller hat die Mutter ______ Wurst hergerichtet.

GEWICHTE

Rechne immer mit den **gleichen** Maßbezeichnungen!

t + t	kg + kg	dag + dag	g + g
t – t	kg – kg	dag – dag	g – g

1 Wandle um!

3 kg 4 dag = ____________________

1 kg 20 dag = ____________________

3 dag 4 g = ____________________

1 kg = ____________________

9 kg 4 dag = ____________________

34 dag = ____________________

5 kg 30 dag = ____________________

45 dag 2 g = ____________________

2 Finde die einzelnen Maße!

756 dag = ____________________

20 g = ____________________

306 dag = ____________________

100 g = ____________________

1 000 g = ____________________

860 dag = ____________________

451 g = ____________________

202 g = ____________________

3 In welches Maß musst du bei diesen Sachaufgaben umwandeln?

Frau Wurstinger braucht für die Jause 25 dag Schinken im Ganzen. Die Verkäuferin legt ein Stück Schinken mit 1 kg auf die Waage. ____________

Herr Wichtinger isst von 1 kg Äpfel 551 g weg. ____________________

4 Lies, rechne und kreuze an!

Ben isst sehr gerne Birnen. In der Obstschale liegt 1 kg Birnen.
Ben isst die Hälfte auf.

- ☐ Ben isst 50 dag Birnen.
- ☐ In der Obstschale liegen noch 40 dag Birnen.

1 Kreuze die Lösung an!

Tilo ist von 1 km schon 64 m gegangen. Wie weit muss er noch gehen?

836 m ☐ 946 m ☐ 936 m ☐

2 Wer rechnet richtig? Kreuze mögliche Lösungswege an!

- ☐ 45 cm + 20 mm = 65 mm
- ☐ 45 cm und 2 cm = 47 cm
- ☐ 450 mm + 20 mm = 470 mm

3 Lies die Sprungweiten vom Diagramm ab. Die Strecken sind in cm dargestellt.

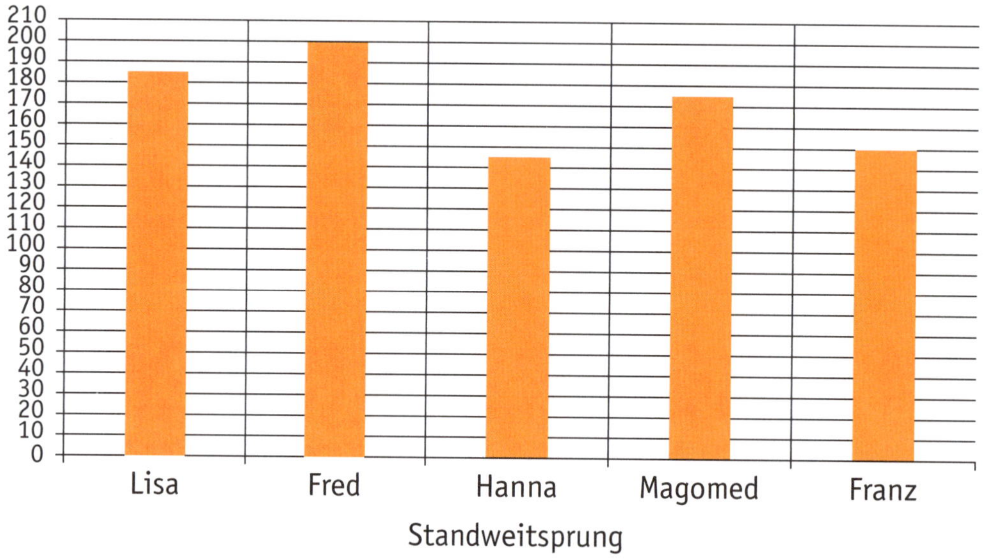

Lisa springt ____________. Hanna springt ____________.

Franz springt ____________. Fred springt ____________.

Magomed springt ____________.

4 Bringe die Längenmaße in die richtige Reihenfolge. Beginne mit dem kleinsten Maß!

28 mm, 3 dm 5 cm, 7 m, 6 km, 56 dm, 6 cm 4 mm

____

5 Was ist am längsten? Kreuze an!

☐ 18 mm ☐ 96 cm ☐ 56 dm ☐ 7 m

1 **Schätze folgende Gegenstände und ordne sie den Gewichtsangaben zu: 2 Büroklammern, 1 Packung Mehl, 1 Tafel Schokolade und 1 PKW.**

1 g	
1 t	

10 dag	
1 kg	

2 **Vergleiche die Gewichtsmaße miteinander und setze <, > oder = ein!**

5 dag ○ 579 g

8 dag 4 g ○ 84 g

4 kg 7 dag ○ 470 dag

700 dag ○ 6 kg 30 dag

1000 g ○ 1 kg

7 kg 40 dag ○ 74 dag

260 dag ○ 2 kg 6 dag

3 g ○ 3 dag

3 **Finde die einzelnen Maße!**

1000 kg = ____________________

843 dag = ____________________

243 kg = ____________________

750 g = ____________________

80 g = ____________________

287 g = ____________________

654 dag = ____________________

89 dag = ____________________

4 **Zeichne das jeweilige Gewicht der Kinder in ein Diagramm!**

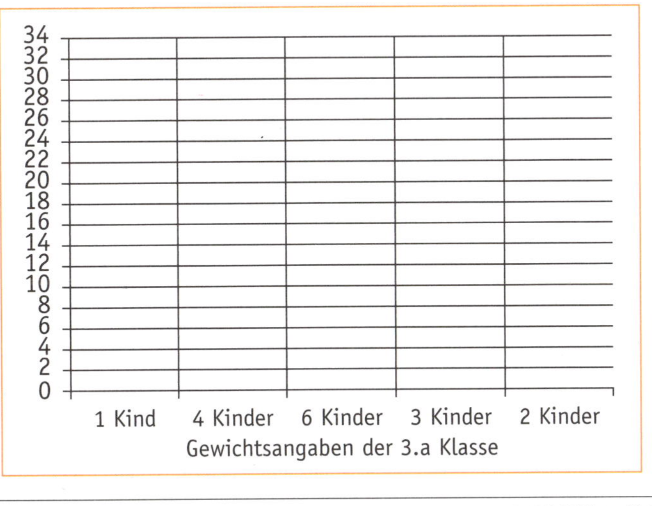

6 Kinder wiegen jeweils 28 kg.
4 Kinder wiegen jeweils 26 kg.
2 Kinder wiegen jeweils 34 kg.
3 Kinder wiegen jeweils 31 kg.
1 Kind wiegt 24 kg.

Sachaufgaben zu Längenmassen

In Rechengeschichten mit verschiedenen Längenmaßen musst du immer in das kleinste gemeinsame Maß umwandeln!

1 Die Lehrerin schneidet Kartonstreifen für die Zeichenstunde zu. Ein DIN-A3-Blatt ist 4 dm 20 mm breit. Daraus schneidet sie 3 gleich große Streifen. Wie viele dm und cm misst so ein Streifen?

2 In der Sprunggrube sind 5 Paar Fußabdrücke zu sehen. Gemessen wurden 1 m 23 cm, 3 m 36 cm, 265 cm, 38 dm 1 cm und 402 cm. Lukas belegt den 1. Platz, Anna ist Zweite geworden, Manuel hat den 3. Platz erreicht, Marie ist Vierte und Sabine belegt den 5. Platz. Ordne richtig zu!

	Name	Sprungweite
1. Platz		
2. Platz		
3. Platz		
4. Platz		
5. Platz		

3 Sophie geht zur Schule hin und zurück 138 m. Am Montagabend besucht sie noch den Judounterricht und am Donnerstagabend den Sportverein. Beide Male geht sie zum Turnsaal der Volksschule. Wie weit geht sie in einer Woche? (5 Schultage)

In Rechengeschichten mit verschiedenen Gewichtsmaßen musst du immer in das kleinste gemeinsame Maß umwandeln! Denke an die richtigen Umwandlungszahlen!

Lies aus den Abbildungen die passenden Zahlen ab!

1 **Frau Gerstinger kauft ______ Kartoffeln, ______ Zwiebeln, ______ Äpfel, dag Bananen und eine Salatgurke, die ______ dag wiegt.**

Wie viele kg und dag muss sie nach Hause tragen?

2 **Das ist der Einkauf von Elmet. Auch er muss alles nach Hause tragen.**

Martin packt seine Schultasche für den nächsten Tag. Wie viel wiegt seine gefüllte Schultasche mit dem Federpennal an dem jeweiligen Tag?

1 **Am Montag hat Martin Mathematik, Zeichnen, Sachunterricht und Deutsch.**

2 **Am nächsten Tag geht die Klasse wandern. Für die ersten beiden Stunden braucht Martin nur die Schultasche und das Federpennal.**

3 **Am Mittwoch ist derselbe Stundenplan wie am Montag. Statt Zeichnen hat die Klasse jedoch Musik.**

1 Die 3b-Klasse möchte an ihre Partnerklasse ein Päckchen (Höchstgewicht 1 kg) senden. Können die Schüler und Schülerinnen das alles mitschicken?

2 Theresa ist die größte Schülerin in ihrer Klasse. Ihre Körpergröße beträgt 154 cm. Vanessa ist die kleinste. Sie misst 1 m 3 dm 6 cm. Wie viel dm und cm Unterschied sind zwischen der größten und der kleinsten Schülerin der Klasse?

3 Tante Emma hat 85 kg. Sie will abnehmen. In der ersten Woche schafft sie 3 kg 20 dag. In der zweiten Woche sind es 2 kg 80 dag. In der dritten und vierten Woche nimmt sie jeweils 1 kg 50 dag ab. Wie viel wiegt sie nach 4 Wochen?

1 Eine lustige Zahlenfolge – ergänze!

2 Da stimmt am Zifferblatt etwas nicht! Male die Fehler an!

3 Jakob und Julius schaukeln. Jakob hat 26 kg und Julius 27 kg.

Super, das kann ich!

1 **Wandle um!**

34 dag = ______ g   1 kg 4 dag = ______ dag   30 dag 5 g = ______ g

2 **Frau Faden schneidet von 1 m Stoff nur 10 cm weg.**
Es bleiben ______________________ Stoff übrig.

3 **In 1 t stecken __________ kg. In 1 kg stecken __________ dag.**

4 **Welche Maßeinheiten findest du in 145 cm? ______________________.**

5 **Statt 1000 m kann man auch 1 ______ sagen.**

6 **Welches Maß ist 10-mal größer als 1 mm? __________**

7 **1 t – 340 kg = __________**   **1 km – 650 m = __________**

8 **Beim Obstbauern besorgt Herr Kirschner 5 kg 60 dag Äpfel, 2 kg 50 dag Birnen und 1 kg 70 dag Zwetschken. Wie viel Gewicht fehlt auf 10 kg Obst?**

9 **Eine Schnecke wandert von Salat zu Salat. Sie kriecht vorerst 25 cm, dann 18 cm, dann 2 dm, dann 3 cm. Welche Strecke hat die Schnecke zurückgelegt?**

Kontrolliere die Lösungen! Denk an deine Belohnungssterne auf Seite 5!

Super, das kann ich!

1 **Katharina legt 421 € mit drei Geldscheinen und einer Münze. Welche Geldscheine und welche Münze hat sie verwendet?**

Geldscheine: ______________________________

Münze: ______________________________

2 **Welche Strecken sind gleich lang? Kreuze an!**

- ☐ 5 m 7 cm
- ☐ 5 m 70 cm
- ☐ 5 m 57 cm
- ☐ 507 cm

3 **Ines ist größer als Frederick. Der Junge ist der kleinste und misst 128 cm. Sascha ist von den drei Kindern am größten, seine Größe beträgt 147 cm. Wie groß könnte Ines sein? Kreuze an!**

- ☐ Ines misst 125 cm.
- ☐ Ines hat eine Körpergröße von 1 m 52 cm.
- ☐ Ines ist 1 m 36 cm groß.

4 **Setze <, > oder = ein!**

38 dag 8 g ◯ 388 g	1 kg ◯ 95 dag	1000 g ◯ 1 kg
950 dag ◯ 1 kg	130 t ◯ 130 kg	204 dag ◯ 2 kg 40 dag

5 **Frau Weiß kauft 250 g Schinken, 40 dag Käse und 200 g Salami. Für ihre Nachbarin kauft sie von allen Lebensmitteln die Hälfte.**

6 **Wie viele Meter hat ein Kilometer?** ______________________________

Kontrolliere die Lösungen! Denk an deine Belohnungssterne auf Seite 5!

Ein Tag hat 24 Stunden. 1 T = 24 h

1 **Wandle um!**

1 T 5 h = ______ h   1 T 8 h = ______ h   1 T 6 h = ______ h

2 T = ______ h   2 T 10 h = ______ h   2 T 1 h = ______ h

2 **Was dauert am längsten? Kreuze an!**

☐ 1 T   ☐ 1 h   ☐ 1 min   ☐ 12 h   ☐ 36 h

3 **Kreuze die kürzeste Zeitspanne an!**

☐ 120 min   ☐ 1 h 50 min   ☐ 1 T   ☐ 3 h   ☐ 600 min

4 **Wie viele h und min dauert der Tag noch?**

Es ist 16:00 Uhr. Der Tag dauert noch ________________.
Es ist 7:00 Uhr. Der Tag dauert noch ________________.
Es ist 23:30 Uhr. Der Tag dauert noch ________________.
Es ist 19:25 Uhr. Der Tag dauert noch ________________.
Es ist 14:46 Uhr. Der Tag dauert noch ________________.

5 **Eine Woche hat ______ T. Wie viele T haben sieben Wochen?**
Es sind ______ T.

6 **Ein Monat hat 20 Arbeitstage. Wie viele Arbeitstage haben 3 Monate? Es sind ______ Arbeitstage.**

7 **Der Monat Juli hat ______ T. Der Monat September hat ______ T.**
Im Februar sind es ______ T oder ______ T.

8 **Angenommen, heute ist der 15. Juni. Welcher Tag ist in einer Woche? Es ist der __________.**

9 **Andreas sagt: „Heute ist der 6. August. In zwei Wochen fahren wir auf Urlaub.“ Wann fährt Andreas in die Ferien? Er fährt am**

__________.

1 Stunde hat 60 Minuten.   1 h = 60 min

1 **Zeichne die Uhrzeit richtig ein!**

17:15 Uhr
5:15 Uhr

13:05 Uhr
1:05 Uhr

8:15 Uhr
20:15 Uhr

11:45 Uhr
23:45 Uhr

9:30 Uhr
21:30 Uhr

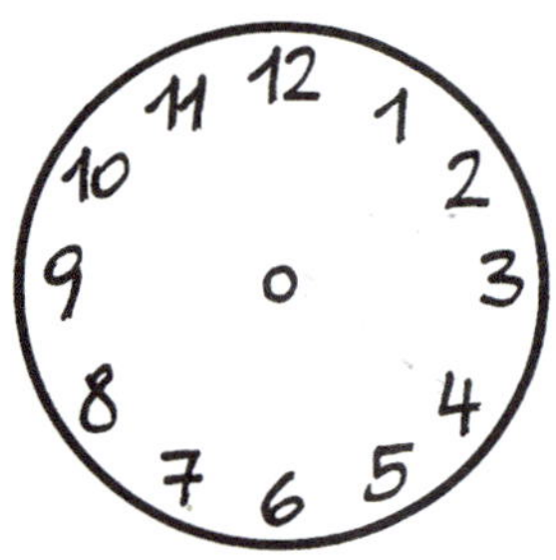

14:20 Uhr
2:20 Uhr

6:40 Uhr
18:40 Uhr

16:10 Uhr
4:10 Uhr

2 **Wie viele Minuten fehlen auf die nächste volle Stunde?**

Es ist 14:30 Uhr. Es fehlen ______ min auf 15:00 Uhr.

Es ist 17:22 Uhr. Es fehlen ______ min auf __________.

Es ist 12:45 Uhr. Es fehlen ______ min auf __________.

Es ist 13:51 Uhr. Es fehlen ______ min auf __________.

Es ist 19:03 Uhr. Es fehlen ______ min auf __________.

3 **Eine Unterrichtsstunde dauert 50 min. Die zweite Stunde beginnt um 8:55 Uhr. Wann endet die zweite Stunde?**
Sie endet um __________.

4 **Auf Annas Uhr ist es 7:30 Uhr. Die Schule beginnt um 7:50 Uhr. Anna hat noch ______ min Zeit.**

5 **Es ist 15:25 Uhr. Wie spät ist es in 4 Stunden? Es ist dann ________.**

1 **Wie viel Zeit ist vergangen?**

Von 13:00 Uhr bis 13:30 Uhr ► ______ min

Von 16:45 Uhr bis 17:20 Uhr ► ______ min

Von 22:15 Uhr bis 23:30 Uhr ► ______ min

Von 10:30 Uhr bis 12:30 Uhr ► ______ h

Von 6:25 Uhr bis 8:00 Uhr ► ______ h ______ min

2 **Julia geht um 20:00 Uhr ins Bett. Sie schläft bis 7:00 Uhr. Sie hatte ______ h Schlafzeit.**

3 **Julias Bruder Martin ist schon älter. Er geht um 21:00 Uhr ins Bett und schläft ebenfalls bis 7:00 Uhr. Er hatte ______ h Schlafzeit.**

4 **Lies aus dem Diagramm die Fernsehzeit der Kinder an den drei Tagen ab!**

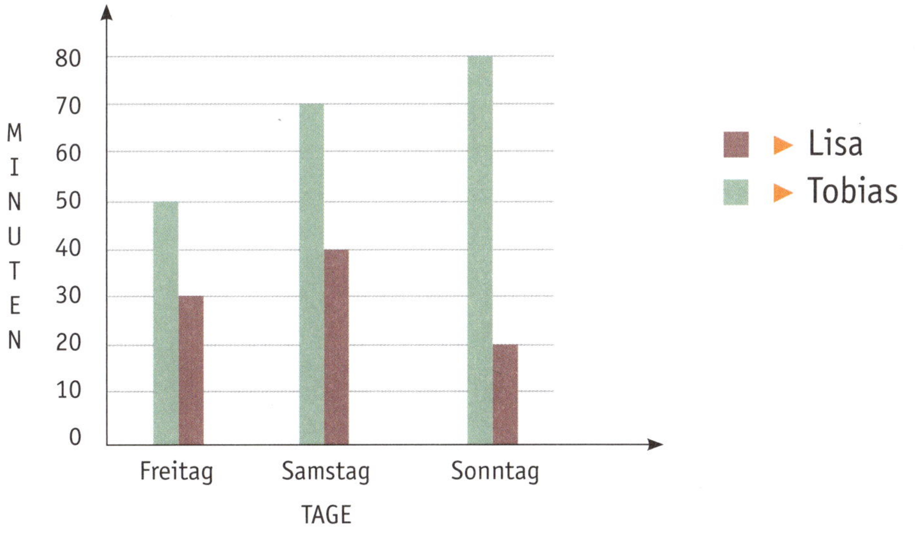

Lisa: ________________________________ = ______ h ______ min

Tobias: ________________________________ = ______ h ______ min

5 **In einer Minute schlägt Evas Herz 91-mal. Wie oft schlägt es in 5 min?**

Eine Minute hat 60 Sekunden. 1 min = 60 s

1 **Ergänze die Umwandlungen!**

Minuten	1 min	3 min	5 min	10 min
Sekunden	60	180	300	600

2 **Der Abfahrtssieger benötigte 2 min 18 s oder** 138 **s.**

3 **Für den ersten Läufer wurden 108 s oder** 1 **min** 48 **s gestoppt.**

4 **Eine Tasse Milch kocht in der Mikrowelle in 180 s oder** 3 **min.**

5 **Was dauert am längsten? Kreuze an!**

☐ 65 s ☐ 1 min ☐ 50 s ☒ 100 s

6 **Kreuze die kürzeste Zeitspanne an!**

☒ 30 s ☐ 500 s ☐ 10 min ☐ 1 min

7 **Für welche Tätigkeiten brauchst du Sekunden? Kreuze an!**

☒ einmal in die Hände klatschen
☐ zu Mittag essen
☒ Fernseher einschalten
☒ Telefonhörer auflegen
☐ Jausenbrot verzehren
☐ Hausübung machen

8 **Woher hat der „Sekundenkleber" seinen Namen? Kreuze an!**

☐ weil er sauberes Kleben ermöglicht.
☒ weil er in Sekunden klebt.
☐ weil er einfach alles klebt.
☐ weil er zweimal aufgetragen werden muss.

9 **Gib die Zeiten in Minuten an!**

120 s = 2 min

240 s = 4 min

1 Setze die fehlenden Zahlen ein!

Eine Stunde hat ______ Minuten.

Ein Tag hat ______ Stunden.

Ein Jahr hat ______ Monate.

Ein Jahr hat ______ Wochen.

Eine Minute hat ______ Sekunden.

Eine Woche hat ______ Tage.

Der Monat November hat _____ Tage.

Ein Jahr hat _____ oder _____ Tage.

2 Schreib die Uhrzeiten auf!

Es ist drei Minuten vor zwölf zu Mittag. ► ____________________

Es ist Viertel nach elf in der Nacht. ► ____________________

Es ist zwanzig Minuten vor acht am Abend. ► ____________________

3 Das ist ein Fernsehprogramm!

13:00 DIE ZERTANZTEN SCHUHE
13:25

13:25 RÄTSELBURG
13:35

13:35 FREDDYS FREUNDE
13:50

13:50 DAS DSCHUNGELBUCH – Mogli, der Künstler
14:50

14:50 DISNEYS ARIELLE, DIE KLEINE MEERJUNGFRAU
15:15

Wie lange sehen die Kinder fern? Setze ein!

Lore schaut die Sendung „Freddys Freunde" gerne an. ____________________

Vadim sieht gerne die „Rätselburg". ____________________

Selina interessiert sich für „Die kleine Meerjungfrau". ____________________

Medina schaut „Die zertanzten Schuhe" und die „Rätselburg" an.

____

Robi schaut „Das Dschungelbuch" an. Sitzt er kürzer als 1 Stunde vor dem Fernseher? ____________________

MATHEQUIZ

1 **Du willst das Dreifache einer Zahl. Du musst mit 3 ________________.**

2 **Wenn du den siebten Teil einer Zahl berechnen willst, so musst du durch 7 ________________________.**

3 **Tausendmal größer als 1 mm ist ein ________________.**

4 **Zehnmal kleiner als 1 dag ist ein ________________.**

5 **Wenn du die Zahl 728 durch 8 teilst, bekommst du beim Ergebnis**

☐ H Z E ☐ Z E ☐ E

6 **Kurt hat 540 cm in 5 m 4 cm umgewandelt. Welchen Fehler hat er gemacht? Kreuze an!**

☐ Er hat die Millimeter nicht berücksichtigt.
☐ Er hat die Maßreihe kg – dag – g nicht gut gelernt.
☐ Er hat mit dem Meterstab falsch abgemessen.
☐ Er hat bei der Umwandlung darauf vergessen, dass nach dem Meter zuerst die Dezimeter kommen.

7 **Die kleinste Maßeinheit bei den Längen ist der ________________.**

8 **Die größte Maßeinheit bei den Gewichten ist die ________________.**

9 **Die Probe zur Division ist die ________________________________.**

10 **In diesem Umwandlungsraster fehlen Längenmaße. Welche? Ergänze!**

km	m			mm

11 **In diesem Umwandlungsraster fehlen Gewichtsmaße. Ergänze!**

	kg	dag	

12 **Um 5 g kleiner als 1 kg sind ____________ g.**

13 **Um 10 cm kürzer als 1 m sind ____________ cm.**

14 **Kreuze an!**

Bei der Multiplikation wird das Ergebnis	☐ größer	☐ kleiner
Bei der Subtraktion wird das Ergebnis	☐ größer	☐ kleiner
Bei der Addition wird das Ergebnis	☐ größer	☐ kleiner
Bei der Division wird das Ergebnis	☐ größer	☐ kleiner

Beim überschlagenden Rechnen musst du die Zahlen runden können. Runde auf Hunderter!

1 **Schätze das Ergebnis und vergleiche es dann mit dem tatsächlichen Ergebnis!**

		Runde!
179	→	___
728	→	___
___	Meine Schätzung:	___

		Runde!
509	→	___
278	→	___
___	Meine Schätzung:	___

2 **Schätze das Ergebnis und vergleiche es dann mit dem tatsächlichen Ergebnis!**

		Runde!
534	→	___
− 213	→	− ___
___	Meine Schätzung:	___

		Runde!
378	→	___
− 245	→	− ___
___	Meine Schätzung:	___

3 **Schätze das Ergebnis und vergleiche es dann mit dem tatsächlichen Ergebnis!**

		Runde!
209 • 3	→	___
___	Meine Schätzung:	___

		Runde!
97 • 7	→	___
___	Meine Schätzung:	___

4 **Schätze das Ergebnis und vergleiche es dann mit dem tatsächlichen Ergebnis!**

776 : 8 = ___ → Meine Schätzung: ___ (Runde!) = ___

442 : 2 = ___ → Meine Schätzung: ___ (Runde!) = ___

1 **Auf einer Spule sind 175 m Schnur. Peter schneidet eine Schnur mit einer Länge von 96 m herunter.**

______ → ______ A: ______________________

______ → ______

______ Meine Schätzung: ______ ______________________

2 **In einem Flugzeug sitzen 285 Personen. Auf dem Rückflug ist die Maschine mit 282 Fluggästen besetzt. Wie viele Personen beförderte das Flugzeug auf Hin- und Rückflug insgesamt?**

______ → ______ A: ______________________

______ → ______

______ Meine Schätzung: ______ ______________________

3 **Ein Messstreifen ist 380 mm lang. Er wird in der Mitte gefaltet.**

______ → ______ A: ______________________

______ Meine Schätzung: ______ ______________________

4 **Auf einer Drahtrolle sind 210 m Draht. Herr Berger kauft 3 Rollen.**

______ → ______ A: ______________________

______ Meine Schätzung: ______ ______________________

5 **Jasmin macht mit ihrem neuen Auto einen Ausflug. Am Morgen steht der Tageskilometerzähler auf 380, am Abend auf 597. Wie weit ist sie gefahren?**

______ → ______ A: ______________________

______ → ______

______ Meine Schätzung: ______ ______________________

Auf Karten und Plänen sind waagrechte und senkrechte Linien eingezeichnet, ein sogenannter Raster.
Man kann dadurch Straßen, Bauwerke usw. leichter finden.
Der Marterpfahl liegt im Rasterfeld B3.

1 **In welchen Rasterfeldern liegen die Bäume?**

Die Bäume liegen
in den Rasterfeldern ______________________________.

2 **Von welchem Piratenschiff führt der kürzeste Weg zum Schatz? Miss den Weg ab und beschreibe ihn!**

Der kürzeste Weg führt vom Piratenschiff _____ zum Schatz.

Die Piraten müssen den Weg zwischen ____________________ und
____________________ zum Schatz wählen.

Der menschliche Körper kann einiges aufnehmen.
Du isst Obst, Brot, Wurst, Käse, ...
Dein Magen ist ein Körper.

Der menschliche Körper

Mathematische Körper

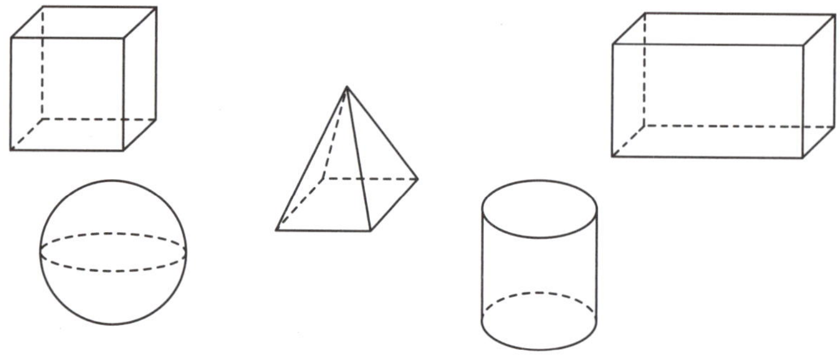

1 **Mathematische Körper können folgende Namen haben:**

1 Quader 2 Pyramide 3 Zylinder

4 Kegel 5 Würfel 6 Kugel

Ordne die Ziffern zu!

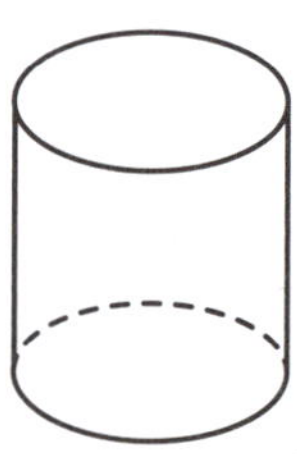
☐

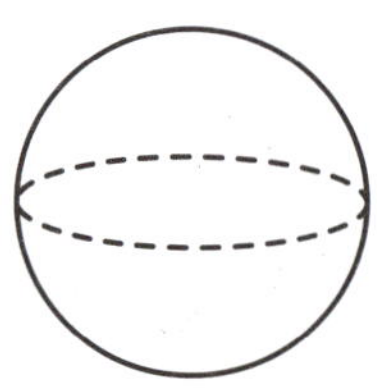
☐

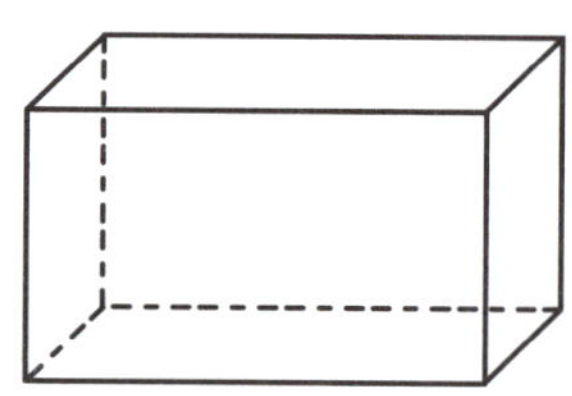
☐

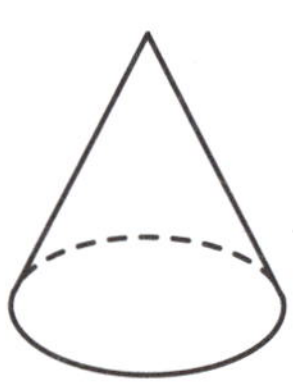
☐

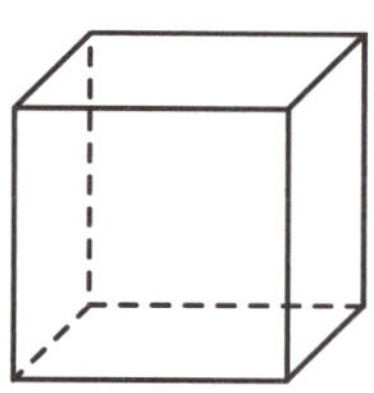
☐

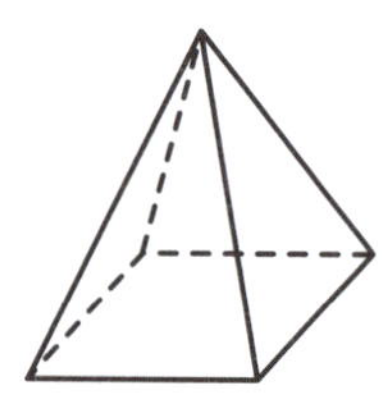
☐

1 Ein Spielwürfel hat auf seinen Flächen die Augenzahlen von 1 bis 6. Ein Würfel hat daher __________ Flächen.

2 Ein Würfel hat _____ viereckige Flächen. Jede Fläche hat die Form eines ____________________.

3 Selina legt einen Würfel auf ein Blatt Papier. Sie umfährt mit dem Bleistift alle quadratischen Flächen. Das ist dann das Netz eines Würfels. Bemale die Netze, die zu einem Würfel passen.

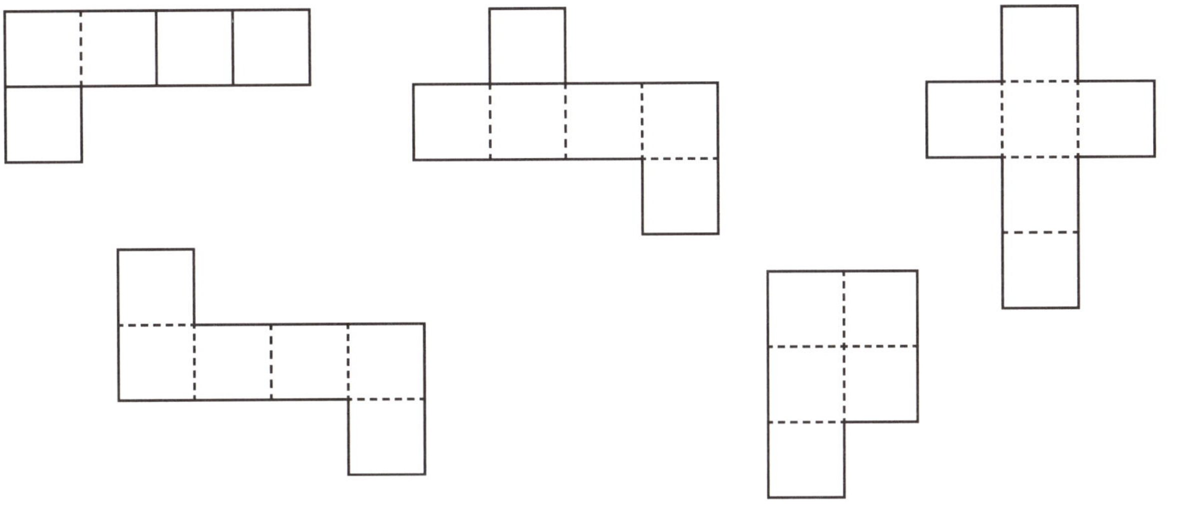

4 Das Würfelnetz ist kein Körper. Nina faltet die Flächen des Würfelnetzes auf. Der Bug heißt Kante. Ein Würfel hat _______ Kanten. Fahre mit einem farbigen Stift alle Kanten nach!

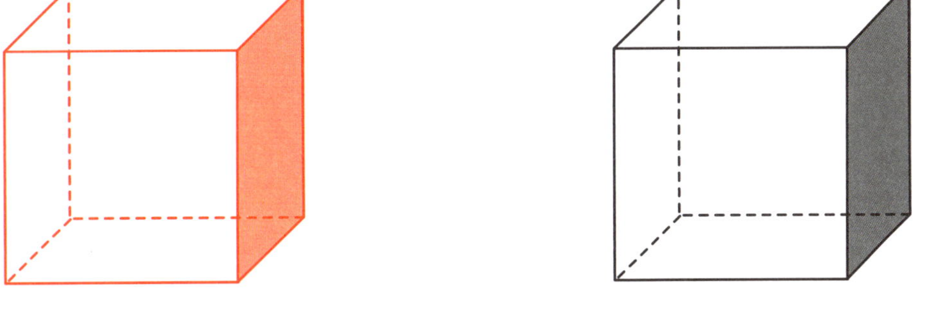

1

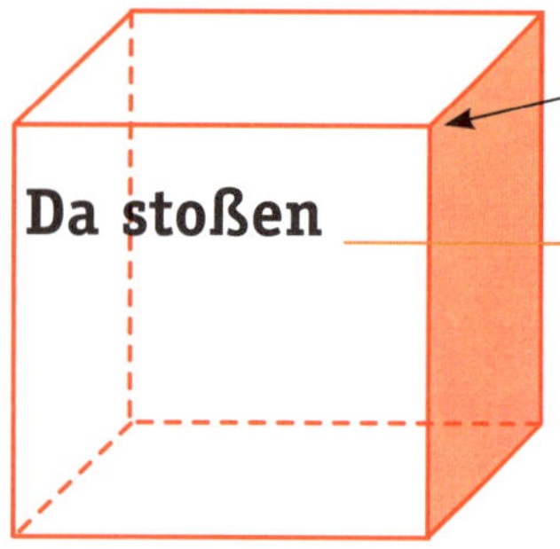

Das ist das Eck eines Würfels.

Da stoßen ______ Kanten zusammen.

2 **Male über alle Ecken jedes Würfels einen roten Punkt!**

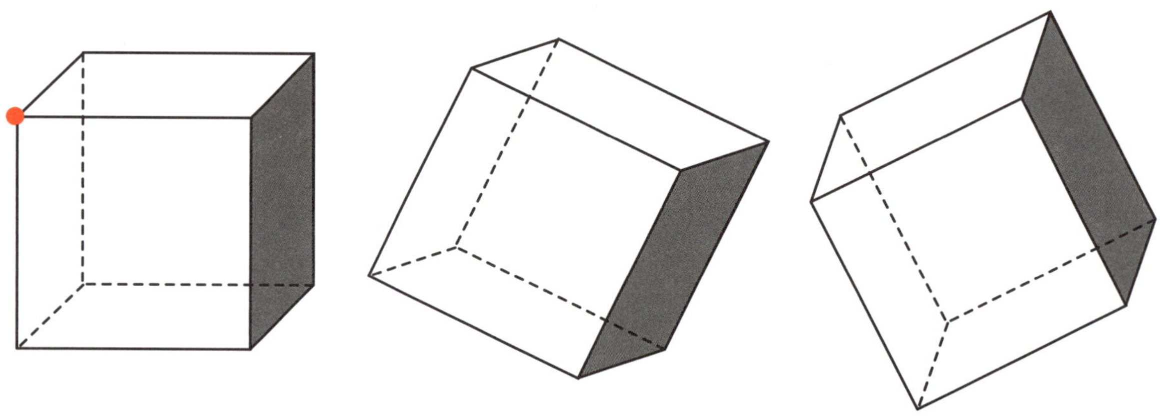

3 **Johannes hat 3 Spielwürfel.**

Wie viele Ecken sind das insgesamt? ______

Wie viele Flächen sind das insgesamt? ______

Wie viele Kanten sind das insgesamt? ______

4 **Aus wie vielen Würfeln bestehen folgende Bauwerke?**

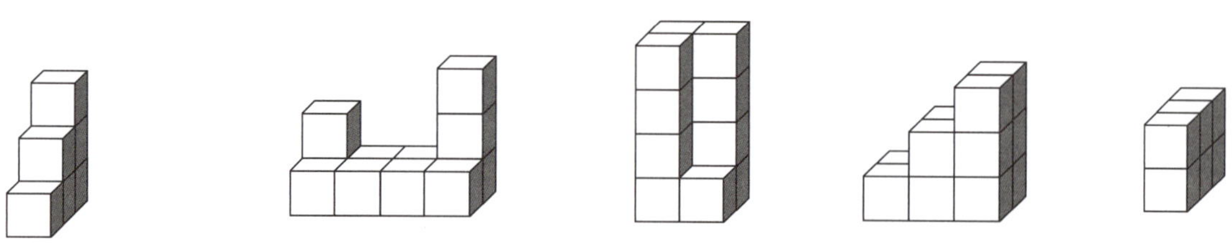

______ ______ ______ ______ ______

Das ist ein Quader. Die Flächen dieses Quaders sind rechteckig.

1 **Kreuze die Gegenstände an, die die Form eines Quaders haben!**

	ja	nein
Ziegelstein		
Spielkegel		
Spielwürfel		
Schublade		
Schuhschachtel		
Kochtopf		
dickes Buch		

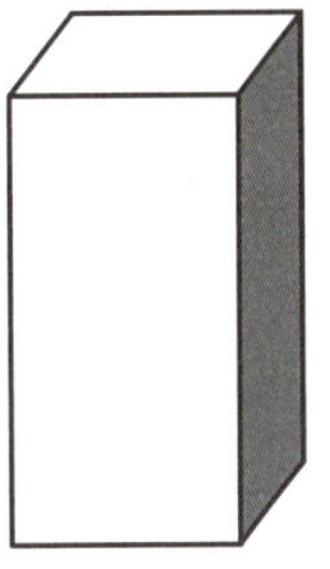

2 **So können Netze eines Quaders aussehen. Bemale die gleich großen Flächen jeweils mit derselben Farbe!**

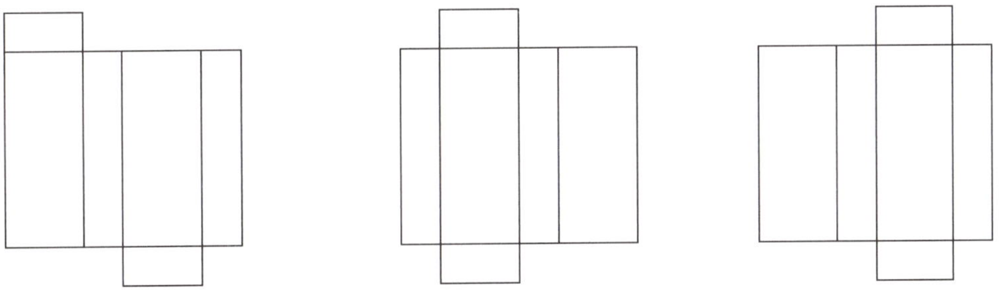

3 **Auch ein Quader hat Kanten. Fahre die Kanten mit einem Farbstift nach.**

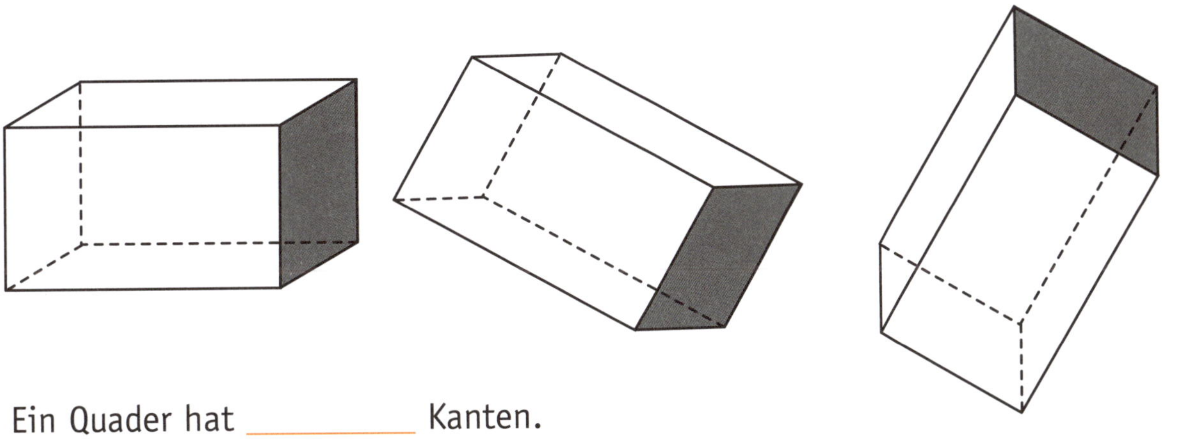

Ein Quader hat ________ Kanten.

1 **Male über alle Ecken der abgebildeten Körper einen farbigen Punkt!**

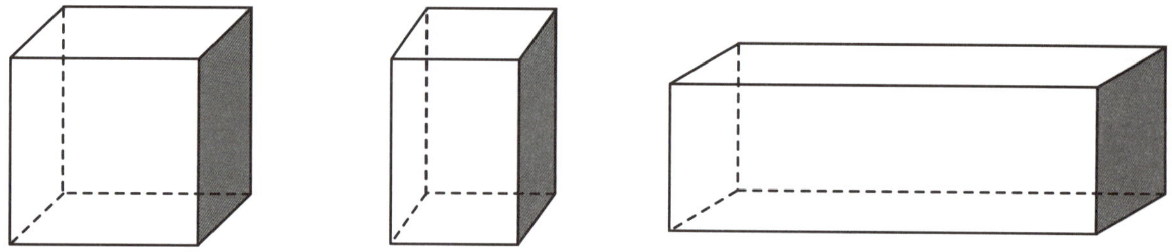

Würfel und Quader haben jeweils __________ Ecken.

2 **Welcher Körper entsteht?**

Ralf stellt zwei Würfel übereinander. Es entsteht ein ____________________.

3 **Die kleine Tina baut mit ihren Bauklötzen eine Stiege. Jeder Bauklotz hat die Form eines ____________________.**

4 **Nermin braucht für sein Bauwerk einen Würfel. Kreuze an, welche Körper er nehmen könnte!**

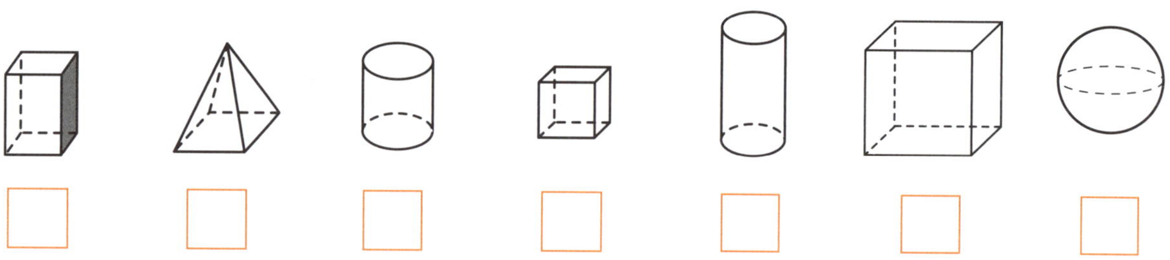

5 **Frau Anna möchte manches Mal auf einem Sitzball sitzen.**

Welche Form hat dieser Körper? ____________________

6 **Welche dieser Körper können rollen. Kreuze an!**

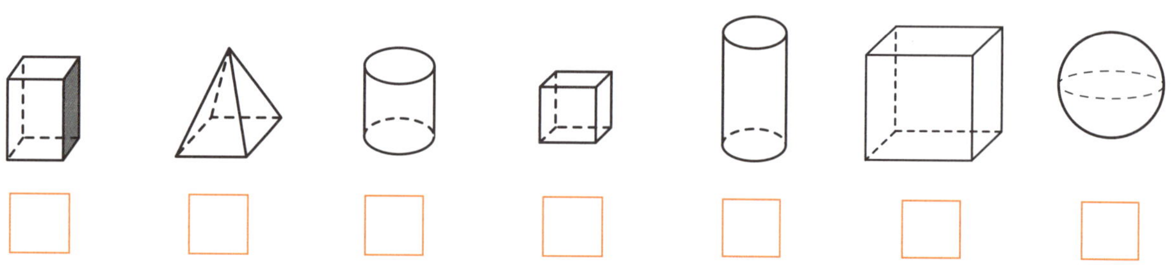

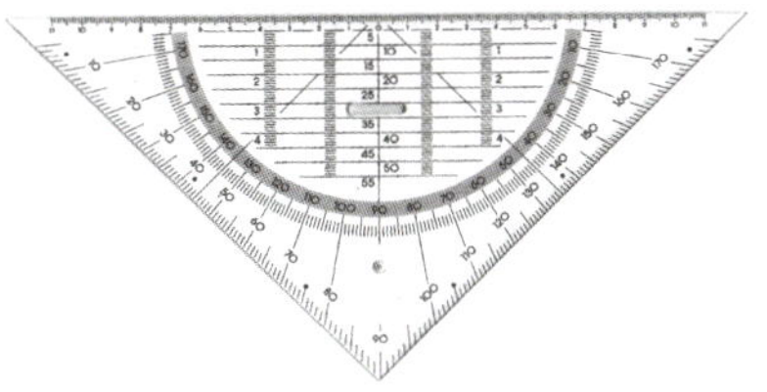

Das ist ein Geodreieck.

1 **Das Geodreieck ist ein Dreieck. Zwei Seiten sind kürzer und gleich lang. Die dritte Seite ist die ______________.**

2 **Die längste Seite kann man als Lineal verwenden.**
Wo steht da die Null? ______________________

3 **Mit dem Geodreieck kann man Strecken und Geraden zeichnen.**

Strecken haben eine Begrenzung. Miss ab!

______

Geraden haben keine Begrenzung.

4 **Miss mit dem Geodreieck folgende Strecken ab und gib die Länge an!**

______ ______

______ ______

5 **Zeichne eine Strecke mit einer Länge von 4 cm 3 mm!**

6 **Zeichne eine Gerade!**

Parallele Geraden

Diese Geraden haben einen gleichen Abstand.

Sie sind zueinander parallel.
Es sind parallele Geraden
oder parallele Linien.

1 **Wo kannst du parallele Linien entdecken? Kreuze an!**

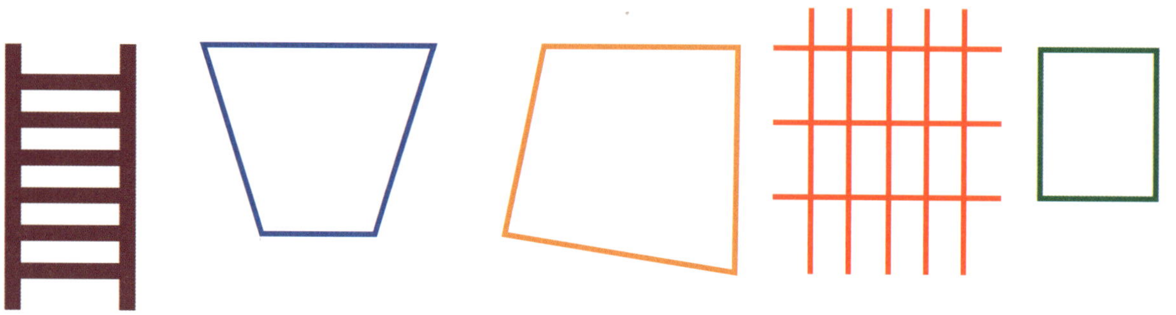

☐ ☐ ☐ ☐ ☐

2 **Auf dem Geodreieck sind parallele Linien eingezeichnet. Fahre sie mit Farbstift nach!**

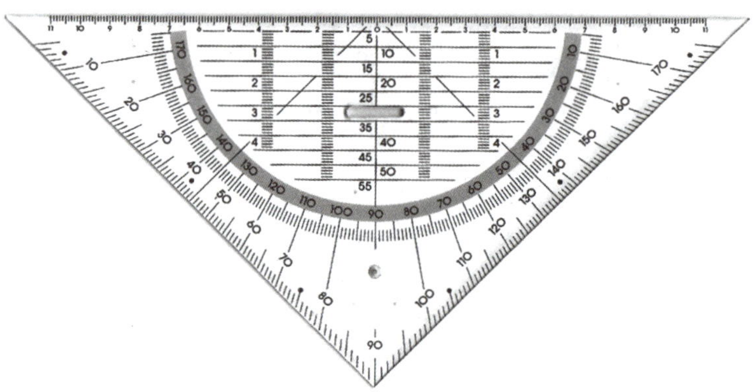

3 **Sind die Zeilen in deinem Heft auch parallele Linien?** ______________

4 **Johanna zeichnete mit dem Geodreieck Geraden. Fahre mit dem Farbstift jeweils die zwei parallelen Geraden nach!**

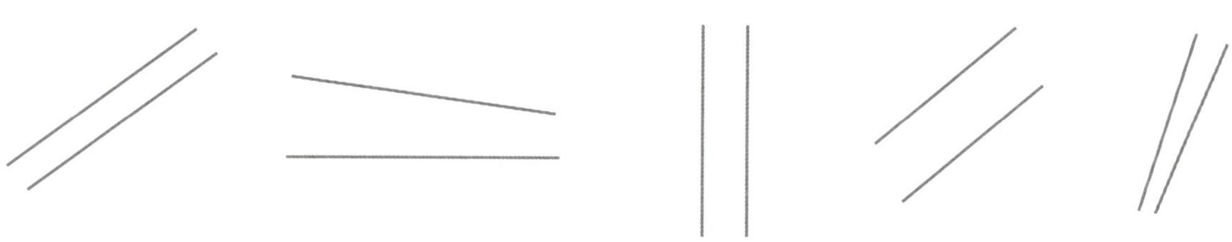

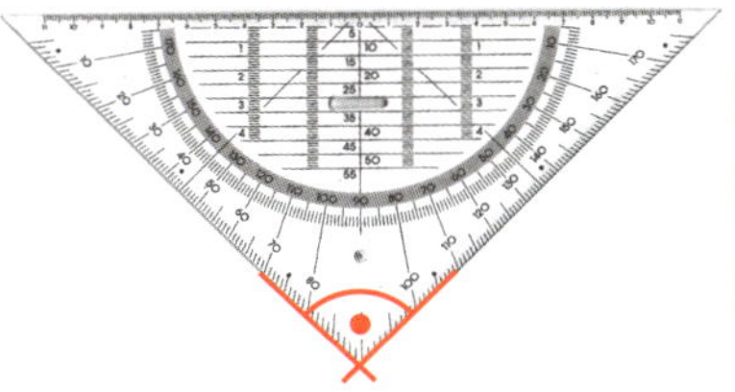

Das Geodreieck hat einen rechten Winkel.
Das Zeichen für den
rechten Winkel sieht so aus: ⦜

1 **Walter und Lena drehen das Geodreieck. Wo ist nun der rechte Winkel? Zeichne ihn mit dem Zeichen ⦜ ein!**

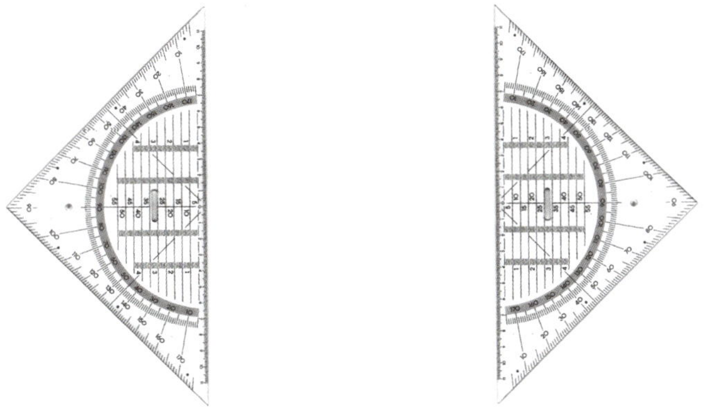

2 **Mit dem Geodreieck kann man auch rechte Winkel zeichnen. Du musst die Nulllinie kennen. Sie halbiert das Geodreieck.**

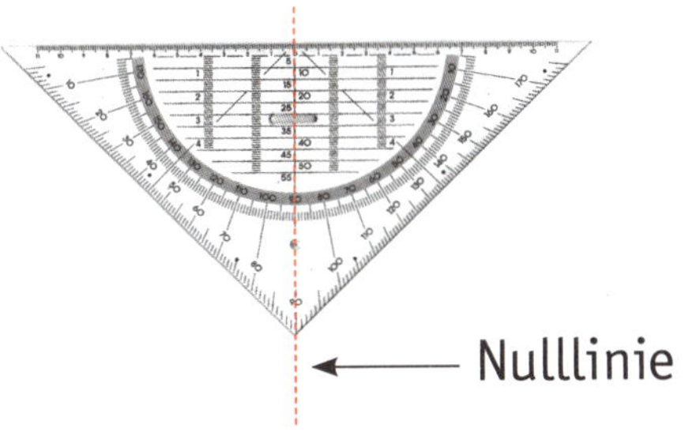

3 **So zeichnet man einen rechten Winkel.**

1. Risa zeichnet mit dem Geodreieck eine Gerade.
2. Sie dreht das Geodreieck und legt die Nulllinie über die Gerade.
3. Sie zeichnet entlang des Geodreiecks noch eine Gerade.
4. Die zwei Geraden bilden 4 rechte Winkel.

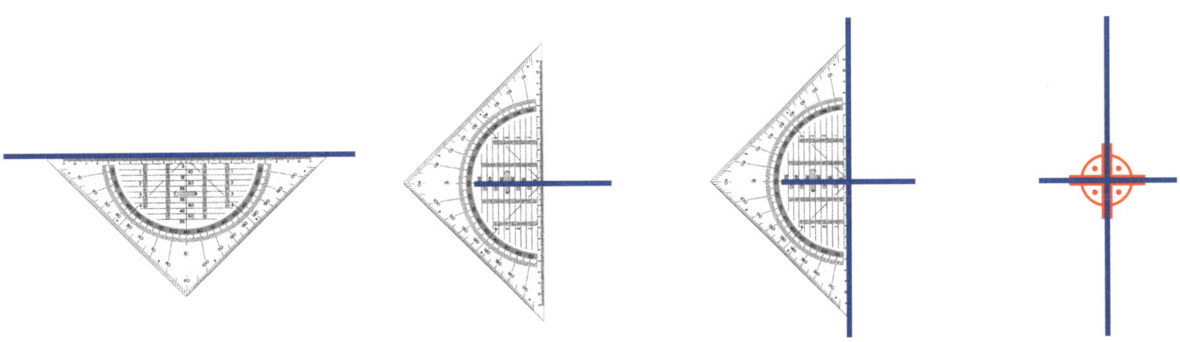

1. 2. 3. 4.

1 Überprüfe mit dem Geodreieck! Kennzeichne die rechten Winkel mit 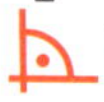!

2 Flächen können auch rechte Winkel haben. Überprüfe mit dem Geodreieck! Kennzeichne die rechten Winkel mit dem Zeichen!

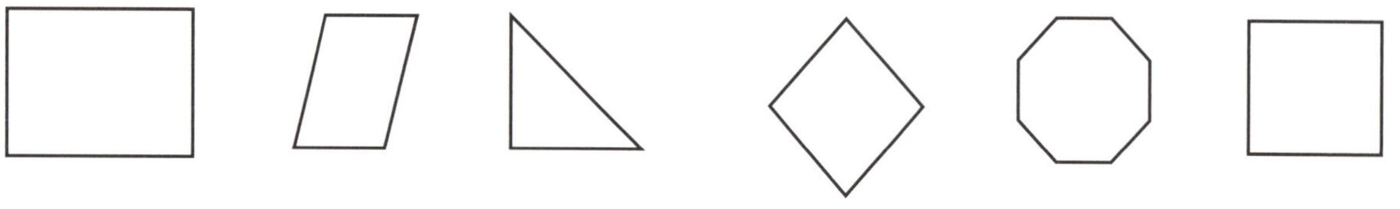

3 In vielen Dingen sind auch rechte Winkel zu finden. Kreuze an!

4 Kreuze ja oder nein an!

	ja	nein
Hat ein Pferd rechte Winkel?		
Hat dein Passfoto rechte Winkel?		
Hat ein Ball einen rechten Winkel?		
Findest du auf deiner Heftseite rechte Winkel?		
Findest du beim Computer rechte Winkel?		
Kann ein Kreis rechte Winkel haben?		

5 Wie sieht das Zeichen für den rechten Winkel aus? ____________________

6 Hat das Geodreieck einen oder zwei rechte Winkel? ____________________

Alle Flächen haben eine Begrenzung!

1 Verbinde die Punkte der Reihe nach. Es entstehen Flächen. Bemale diese!

2 Diese Flächen haben verschiedene Formen. Schreibe die Form dazu!

________ ________ ________ ________

3 Flächen sind flach. Man kann auf Flächen schreiben. Schreibe je ein Wort auf eine Fläche!

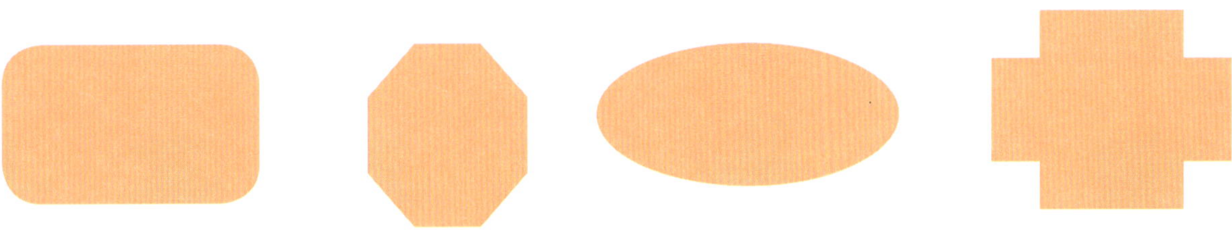

4 Ziehe mit dem Geodreieck jeweils schräg von Ecke zu Ecke einen Strich! Welche Flächen entstehen?

Es entstehen ____________.

5 Verbinde jeweils die beiden Punkte, die gegenüberliegen, miteinander!

Es entstehen ________ Flächen.

Ein Viereck, das vier rechte Winkel und je zwei gegenüberliegende gleich lange Seiten hat, nennt man Rechteck.

1 **Bemale alle Rechtecke rot!**

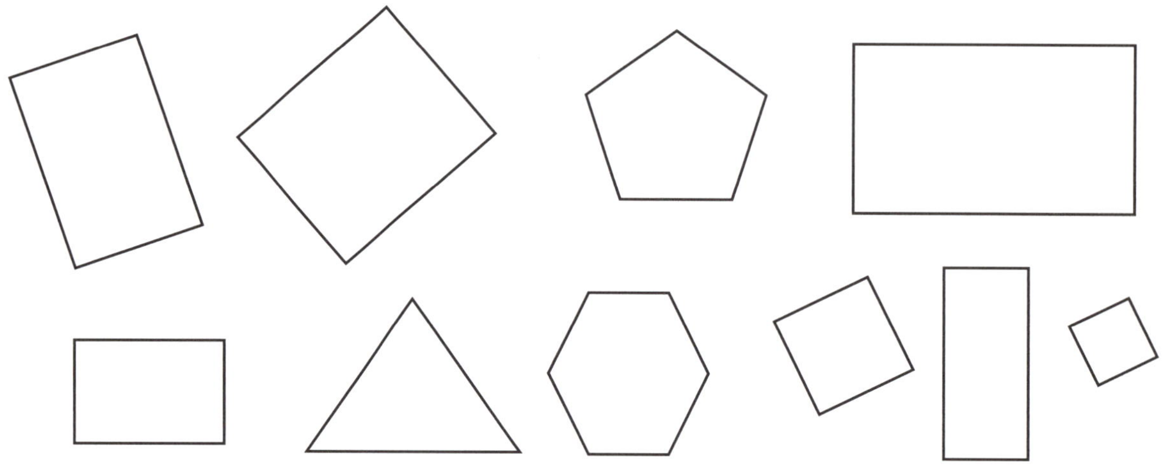

Die zwei Längen sind zueinander parallel.
Die zwei Breiten sind zueinander parallel.

2 **Zeichne mit dem Geodreieck die Rechtecke fertig!**

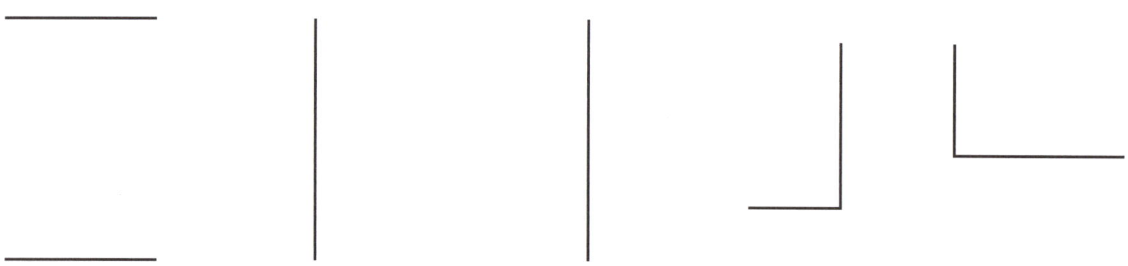

3 **Miss die Rechtecke ab und trage ein!**

l = ____________ l = ____________ l = ____________

b = ____________ b = ____________ b = ____________

1 **Zeichne ein Rechteck (l = 4 cm 3 mm, b = 2 cm) und kennzeichne die Längen rot!**

2 **Zeichne ein Rechteck (l = 3 cm 7 mm, b = 1 cm 5 mm) und kennzeichne die Breiten blau!**

3 **Verbinde die Eckpunkte so, dass fünf Rechtecke entstehen!**

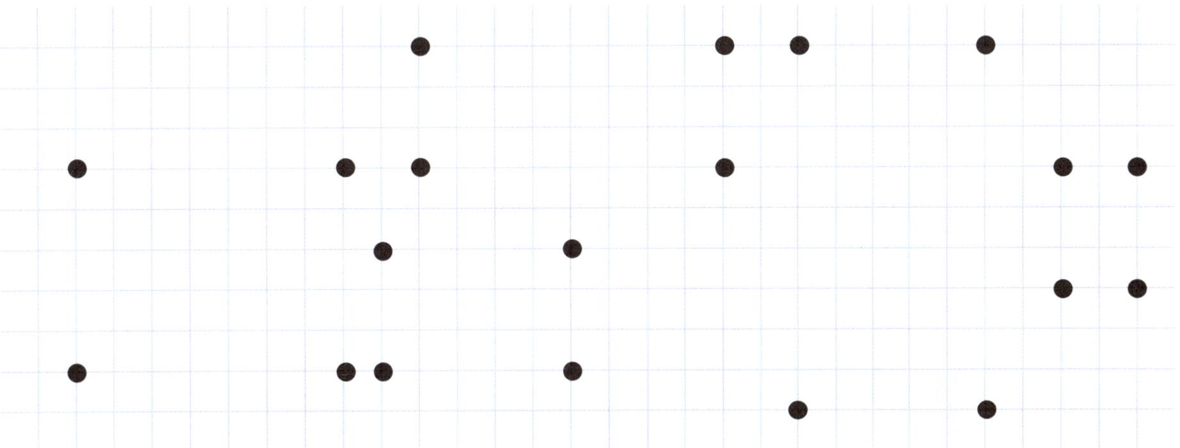

4 **l = 4 cm, b = 1 cm**

Die Breite des Rechteckes wird halbiert.

Schreibe auf: l = ____________

b = ____________

5 **Aus wie vielen Rechtecken besteht dieses Wort?**

Es besteht aus ______ Rechtecken.

Ein Viereck, das vier rechte Winkel und vier gleich lange Seiten hat, nennt man Quadrat.

1 **Welche Vierecke sind Quadrate? Bemale sie grün!**

Die obere und die untere Seite sind parallel.
Die rechte und die linke Seite sind parallel.

2 **Zeichne mit dem Geodreieck die Quadrate fertig!**

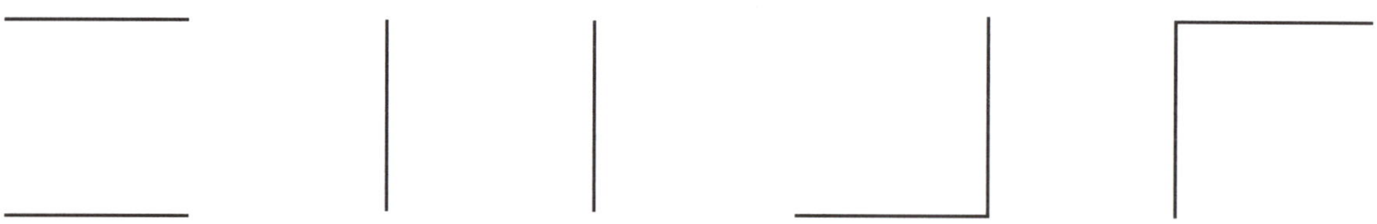

3 **Miss die Seiten der Quadrate ab und trage ein!**

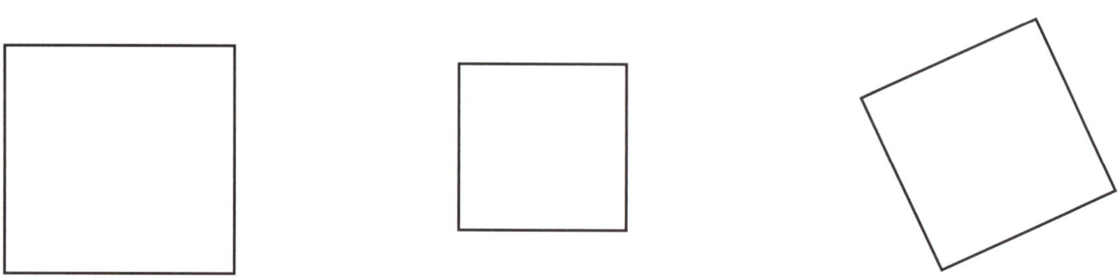

s = ______ s = ______ s = ______

Quadrat

1 **Zeichne ein Quadrat mit einer Seitenlänge von 35 mm und kennzeichne die rechten Winkel!**

2 **Eine Tafel Schokolade ist 155 mm lang und 7 cm 8 mm breit. Ist diese Fläche quadratisch oder rechteckig? Sie ist ______________________.**

3 **Ein Kalenderblatt ist 29 cm lang und 12 cm breit. Ist dieses Blatt rechteckig oder quadratisch? Dieses Blatt ist ______________________.**

4 **Ein Zettel hat eine Seitenlänge von 89 mm. Ist der Zettel rechteckig oder quadratisch? Er ist ______________________.**

5 **Welche Körper haben quadratische Flächen? Kreuze an!**

☐ Würfel ☐ Kugel ☐ Kegel

6 **Welche Körper haben rechteckige Flächen? Kreuze an!**

☐ Kegel ☐ Zylinder ☐ Quader

7 **Ordne die Flächennamen richtig zu!**

Kreis Quadrat Rechteck Dreieck Viereck

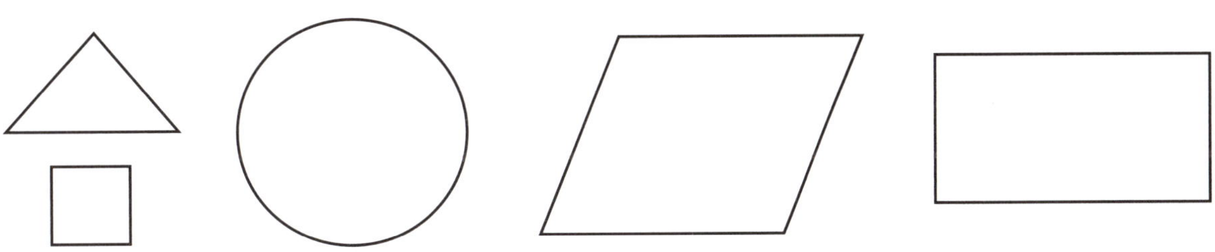

1 **Aus wie vielen Rechtecken und Quadraten bestehen die Figuren?**

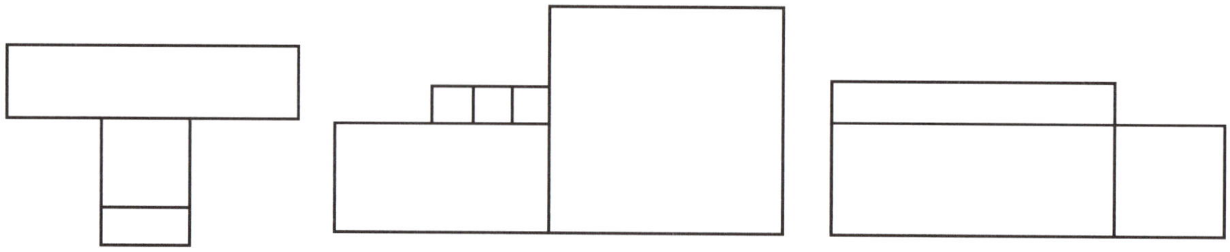

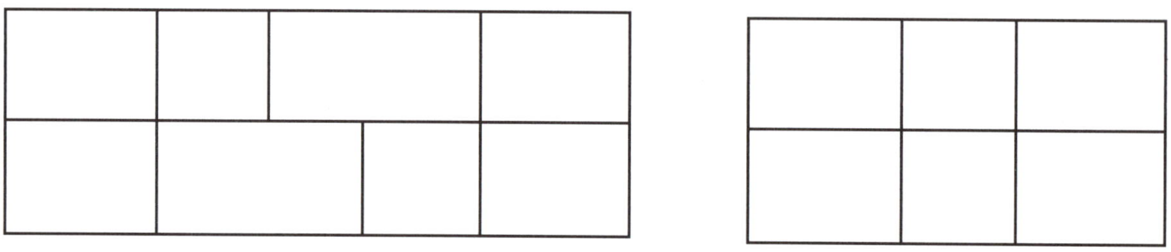

2 **Verbinde die Eckpunkte so, dass fünf Quadrate entstehen!**

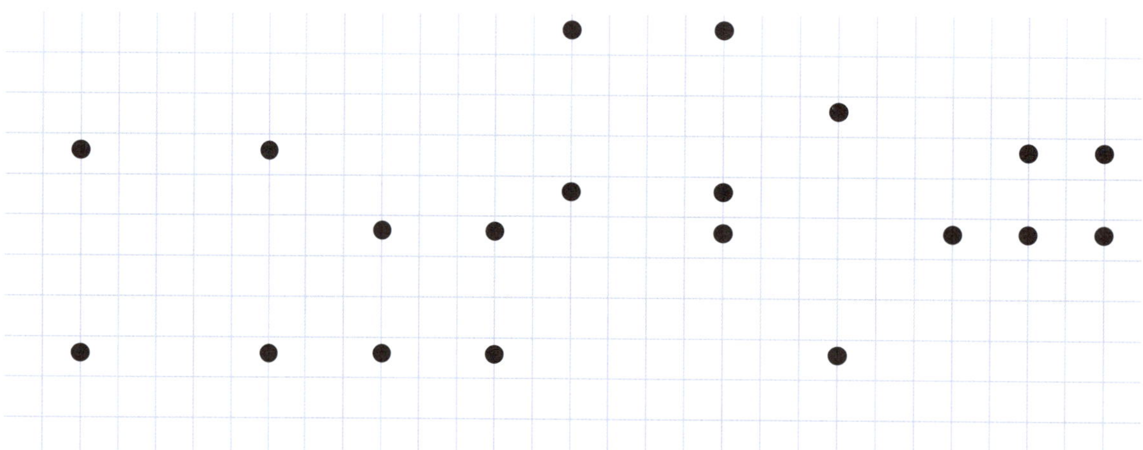

3 **Wie viele Rasterquadrate findest du in diesen Buchstaben?**
Es sind ______ Quadrate.

1 **Das Rechteck ist eine besondere Form des Vierecks. Die zwei gegenüberliegenden Seiten sind __________ __________.**

Sie sind auch zueinander ______________.
Es hat vier __________ Winkel.

2 **Bei einem Quadrat sind alle ________ Seiten gleich lang.**

Je zwei ________ sind zueinander parallel.
Es hat ________ rechte Winkel.

3 **Einen Körper, der sechs gleich große Flächen hat, nennt man ____________.**

4 **Ein Ball hat die Körperform einer ____________.**

5 **Eine Dose hat die Körperform eines ____________.**

6 **Eine Zündholzschachtel hat die Körperform eines ____________.**

7 **Einen Körper, der keine Ecken und keine Kanten hat, nennt man ____________.**

8 **Eisenbahnschienen auf gerader Strecke verlaufen ____________.**

9 **Zeichne das Zeichen für den rechten Winkel auf!**

10 **Kreuze an, was du mit dem Geodreieck zeichnen kannst!**

- ☐ Ich kann mit dem Geodreieck einen rechten Winkel zeichnen.
- ☐ Ich kann mit dem Geodreieck parallele Linien zeichnen.
- ☐ Ich kann mit dem Geodreieck ein Quadrat zeichnen.
- ☐ Ich kann mit dem Geodreieck ein Rechteck zeichnen.
- ☐ Ich kann mit dem Geodreieck einen Kreis zeichnen.
- ☐ Ich kann mit dem Geodreieck gerade Linien zeichnen.

1 Finde diese Teile in den Kronen und bemale sie!

2 Hexi zaubert und sagt:

„Es bleibt beim Dividieren durch 3 kein Rest."
Hexi hat 3 Ziffern gefunden.
Er hat die 3 Ziffern addiert. 4 + 3 + 2 = 9
Das Ergebnis kann man durch 3 dividieren. 9 : 3 = 3
Jetzt bildet Hexi mit den 3 Ziffern alle möglichen dreistelligen Zahlen.
Bei keiner dieser Divisionen bleibt ein Rest!

Überprüfe!

432 : 3 = ______ 423 : 3 = ______ 324 : 3 = ______

342 : 3 = ______ 234 : 3 = ______ 243 : 3 = ______

Der Rand einer Fläche ist der Umfang.
Der Umfang ist die Randlinie einer Fläche.
Auf der Randlinie können ein Zaun, ein Draht, eine Borte usw. sein.
Die Abkürzung für Umfang ist **u**.

1 **Zeichne den Umfang folgender Flächen nach!**

2 **Fahre den Umfang der Quadrate mit grünem Stift nach!**

3 **Muss der Umfang berechnet werden? Kreuze an!**

	ja	nein
Die Mutter näht um den Rand des Tischtuches eine Borte.		
Fred will eine Kiste bauen. Er will wissen, wie viele Nägel er braucht.		
Um eine Pferdekoppel soll ein Zaun errichtet werden.		
Für ein Bild soll ein Rahmen angefertigt werden.		
Anna kauft für sich und ihren Bruder je ein Eis um 2 €.		
Um einen Tennisplatz wird ein Zaun gebaut.		
1 m Borte kostet 3,20 €. Die Mutter braucht 4 m.		

4 **Die Randlinie um eine Fläche heißt** ______________________.

Umfang Rechteck

1 **Frau und Herr Klaus wollen für ihre Tochter Lilli einen Sandkasten anlegen. Er soll 3 m lang und 2 m breit sein. Der Sandhaufen ist schon bereit. Rund um den Sandhaufen werden Bretter als Begrenzung aufgestellt. Wie viel Meter Bretter werden verbraucht?**

Berechne den Umfang!

Es gibt drei Möglichkeiten, den Umfang zu berechnen:

1. l = 3 m | b = 2 m | l = 3 m | b = 2 m

3 + 2 + 3 + 2 = ______ Der Umfang ist ________ lang.

2. l = 3 m | b = 2 m   3 + 2 = 5
   l = 3 m | b = 2 m   3 + 2 = 5

Der Umfang ist ________ lang.

3. l = 3 m | l = 3 m   3 + 3 = 6
   b = 2 m | b = 2 m   2 + 2 = 4

Der Umfang ist ________ lang.

2 **Um einen Garten wird ein Draht gespannt. Was musst du berechnen?**

____

1 **Ein Quadrat hat 4 gleich __________ Seiten.**

u = ?

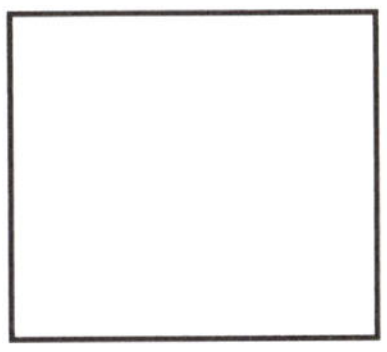

s = 3 cm

Es gibt zwei Möglichkeiten, den Umfang zu berechnen:

1. s = 3 m | s = 3 m | s = 3 m | s = 3 m

3 + 3 + 3 + 3 = ______ Der Umfang ist ______ lang.

2. s = 3 m | s = 3 m | s = 3 m | s = 3 m

4 mal 3 = ______ Der Umfang ist ______ lang.

2 **s = 45 m** **Zeichne eine Skizze!**

u = ?

3 **l = 21 m, b = 16 m** **Zeichne eine Skizze!**

u = ?

1 **Das ist die Skizze eines quadratischen Brunnens. Rundherum soll ein Geländer gebaut werden. Der Umfang ist 8 m lang. Wie lang ist eine Seite?**

Umfang:
4 Seiten ► 8 m
1 Seite ► ?

Rechne: 8 : 4 = ________ Eine Seite ist ________ lang.

2 **Der Umfang eines quadratischen Grundstückes ist 116 m lang. Es soll nur entlang einer Seite ein Zaun gespannt werden. Wie lang ist eine Seite? Zeichne eine Skizze!**

3 **u = 36 dm**

s = ?

1 **Welche Wörter passen zum Begriff „Umfang“? Kreuze an!**

☐ Körpergewicht ☐ Kopfumfang ☐ Würfel falten
☐ Randlinie ☐ 50-€-Schein ☐ Umspannen
☐ Bauchumfang ☐ Zehnernachbar ☐ Sprungweite
☐ Flüssigkeit messen ☐ Paket verschicken ☐ Einzäunen

2 **Welche Lösungswege zur Umfangberechnung eines Rechteckes stimmen? Kreuze an!**

☐ Umfang ► zweimal die Länge plus zweimal die Breite
☐ Umfang ► die Länge plus die Breite plus die Länge
☐ Umfang ► die Länge plus die Breite plus die Länge plus die Breite
☐ Umfang ► einmal die Länge plus zweimal die Breite
☐ Umfang ► die Länge plus die Breite mal zwei

3 **Berechne den Umfang eines Rechteckes, das 45 mm lang und 33 mm breit ist!**

4 **Ein rechteckiges Grundstück, das 58 m lang und 46 m breit ist, wird mit Maschendraht eingezäunt.**

5 **Berechne die Zaunlänge eines Gartens, der 18 m lang und 13 m breit ist!**

1 **Das ist eine Skizze der Wiese von Bauer Huber.**

45 m

90 m

Er will die Wiese ringsherum einzäunen. Wie viel m Draht sind nötig?

2 **Das ist eine Skizze der Wiese von Bauer Knoll.**

40 m

75 m

Er zäunt sie ein. Für die Einfahrt lässt er 3 m frei.

3 **In einem Zimmer wird eine neue Fußbodenleiste angebracht. Die Zimmerlänge ist 4 m 5 dm, die Breite ist 3 m 6 dm. Wie viel m und dm Leisten sind nötig, wenn die Türe insgesamt 9 dm breit ist?**

1 **Das ist die Skizze eines quadratischen Platzes.**

s = 27 m

Er wird ringsum mit Sträuchern bepflanzt. Wie viele Meter können bepflanzt werden?

2 **Das ist die Skizze eines Tennisplatzes.**

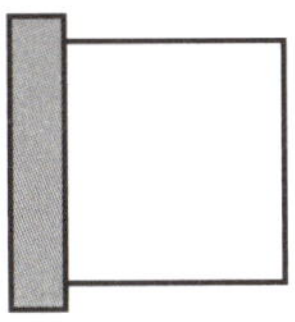

32 m

36 m

Er grenzt mit der Breitseite an eine Mauer. Wie lang muss der Zaun sein?

3 **Eine quadratische Baustelle wird durch ein 12 m langes Absperrband gesichert. Wie lang ist eine Seite der Baustelle?**

4 **u = 76 m**

s = ?

SUPER, DAS KANN ICH!

1 **Aus wie vielen Würfeln sind die Körper zusammengesetzt?**

 ______

 ______

2 **Wo sind rechte Winkel? Überprüfe mit deinem Geodreieck und trage das Zeichen für den rechten Winkel ein!**

3 **Ein Rechteck ist 25 cm lang und 15 cm breit. Bestimme den Umfang!**

4 **Zeichne ein Quadrat, dessen Seitenlänge 3 cm lang ist. Berechne den Umfang!**

5 **Zeichne zu diesen Geraden jeweils eine parallele Linie!**

Kontrolliere die Lösungen! Denk an deine Belohnungssterne auf Seite 5!

Falte ein Rechteck in der Mitte. Es entstehen dabei zwei gleiche Hälften. Sie überdecken sich vollständig. Die Faltachse nennt man **Symmetrieachse**.
Figuren, die eine solche **Symmetrieachse** haben, nennt man **symmetrisch**.

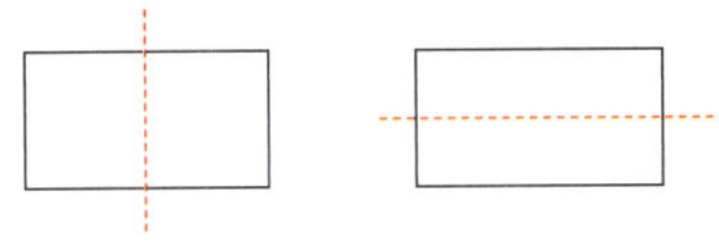

1 **Wie viele Symmetrieachsen haben diese Figuren? Zeichne sie ein!**

2 **Welche Buchstaben sind symmetrisch? Kreuze an!**

☐ A	☐ P	☐ N	☐ G	☐ L	☐ M	☐ F
☐ O	☐ Q	☐ S	☐ U	☐ W	☐ Y	☐ J

3 **Zeichne bei diesen Flächen eine Symmetrieachse ein!**

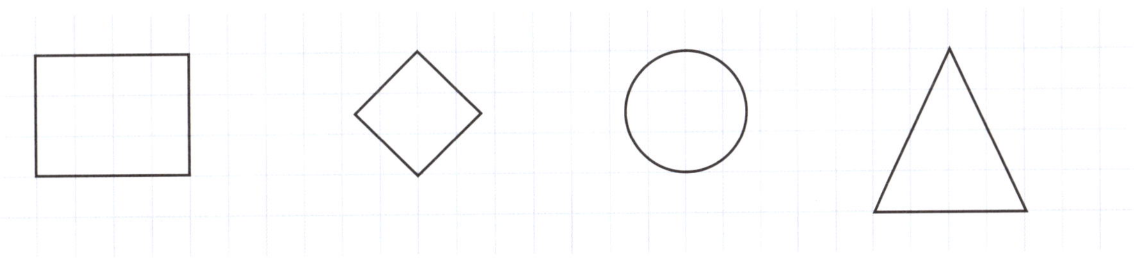

4 **Kreuze die Wörter an, die symmetrisch sind!**

OHO	EVA	UHU
☐	☐	☐

5 **Zeichne bei den Spiegelbildern die Symmetrieachse ein!**

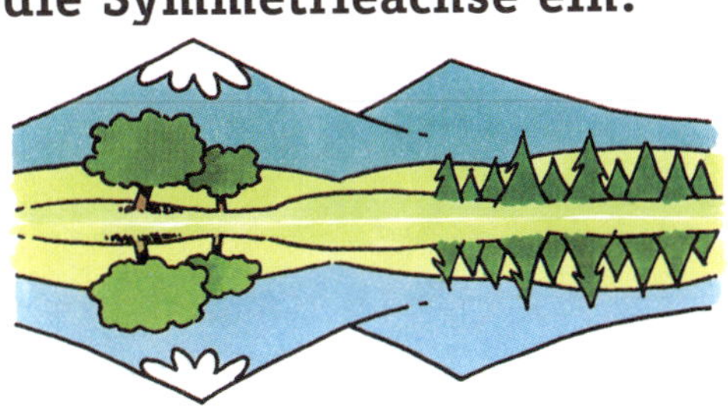

1 **Setze das Muster fort!**

2 **Setze das Muster fort!**

3 **Setze das Muster fort!**

4 **Zeichne in jede Figur eine Symmetrieachse ein!**

1 Zeichne die Spiegelbilder!

2 Ergänze das symmetrische Muster!

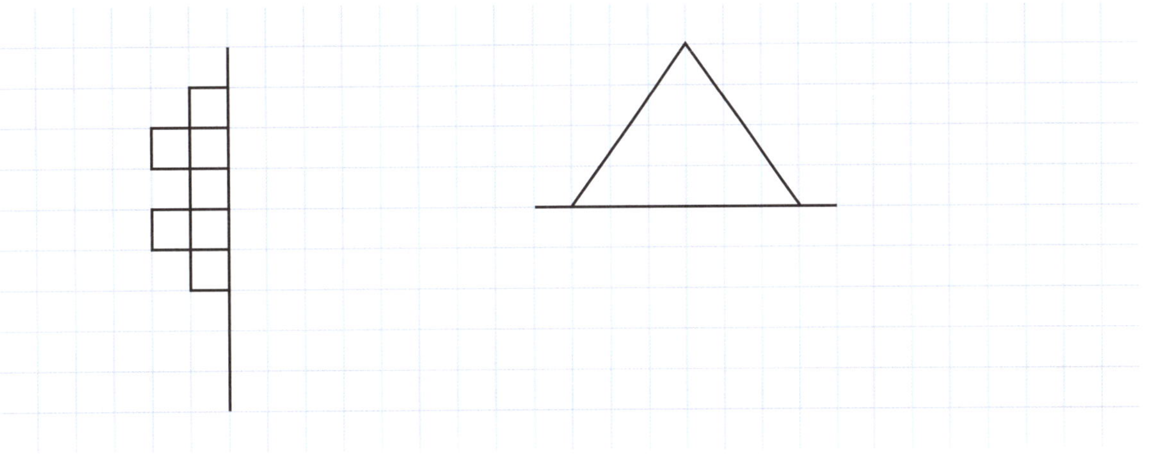

3 Zeichne die Spiegelbilder!

4 Zeichne die zweite Hälfte der symmetrischen Figur!

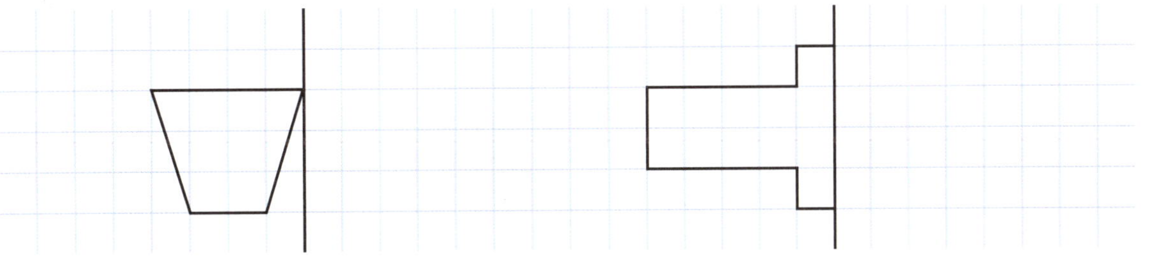

Wenn du etwas verdoppelst, wird es zweimal so groß.
Wenn du etwas halbierst, wird es um die Hälfte kleiner.

2 cm — 4 cm — 8 cm

Halbierst du die Strecke von 4 cm, erhältst du 2 cm.

Verdoppelst du die Strecke von 4 cm, erhältst du 8 cm.

1 Kreuze an, ob vergrößert oder verkleinert wurde!

E ▸ **E**

☐ vergrößert
☐ verkleinert

A ▸ A

☐ vergrößert
☐ verkleinert

2 Miss die Strecken ab und halbiere sie!

______ cm

______ cm

______ cm

______ cm

3 Miss die Strecken ab und verdopple sie!

______ cm

______ cm

______ cm

______ cm

Vergrößern und Verkleinern

1 Zeichne jede Linie doppelt so lang!

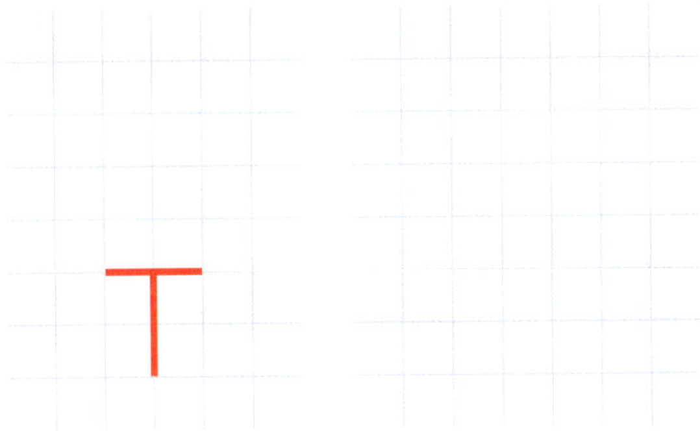

2 Zeichne jede Linie halb so lang!

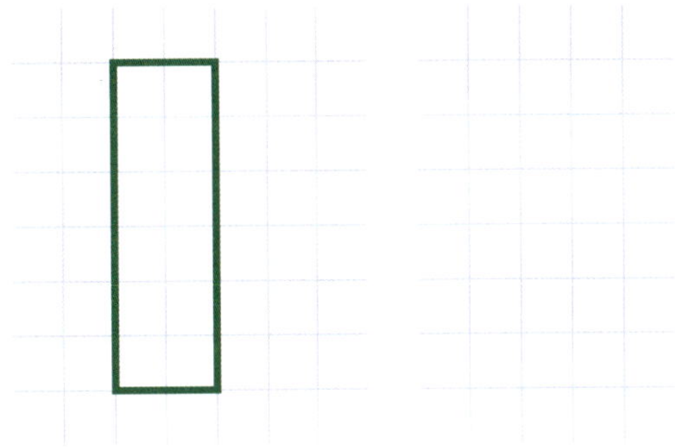

3 Verdopple!

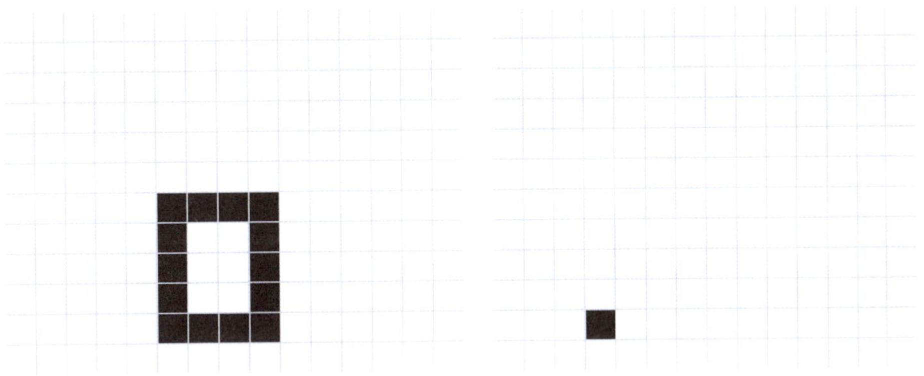

4 Halbiere!

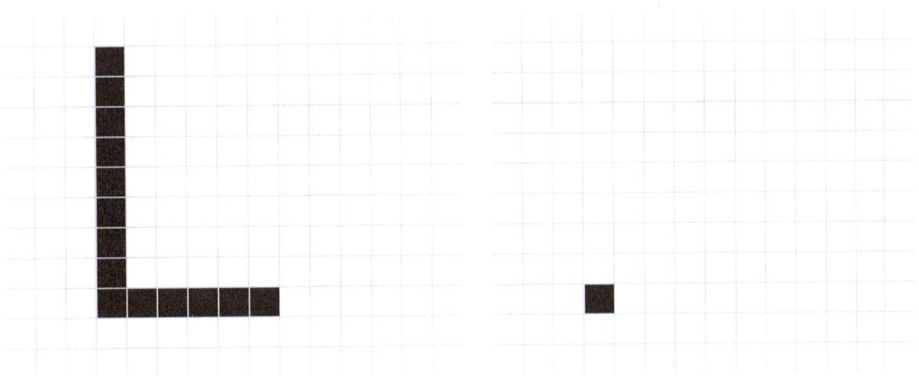

5 Halbierte Strecken! Verdoppelte Strecken!

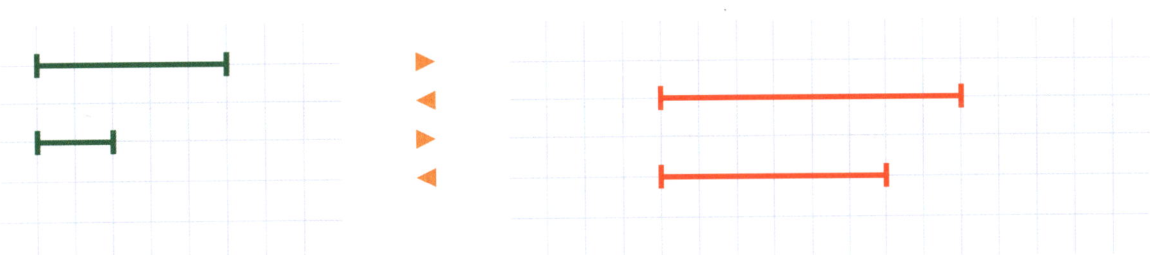

1 Eine Zahl habe ich gewählt,
39 weggezählt,
und dann ist mir geblieben
als Ergebnis die Zahl 7!

____________________ Die gedachte Zahl ist __________.

2 Ergänze! Du darfst jedes Rechenzeichen verwenden!

1 □ 1 □ 1 = 3 2 □ 2 □ 2 = 3 3 □ 3 □ 3 = 3

3 Auf welcher Ziffer muss der Stundenzeiger stehen? Beide Zeiger sollen einen rechten Winkel bilden!

____

____

4 Eine Schnecke fällt in einen 15 Meter tiefen Schacht. Fleißig versucht sie, wieder herauszukriechen. Sie schafft täglich 7 Meter. Nach wie vielen Tagen erreicht sie den Rand des Schachtes?

5 Verbinde die Punkte so, dass 4 gleiche Quadrate entstehen!

1 **Es ist 14:25 Uhr. Wie spät war es vor einer halben Stunde?**
Es war ____________ Uhr.

2 **Hier wurde zu jeder Rechnung eine Überschlagsrechnung gemacht. Überprüfe, ob richtig gerundet wurde? Rechne dann die Rechnungen aus!**

332	▶	300	☐ Richtig gerundet	☐ Falsch gerundet
159	▶	100	☐ Richtig gerundet	☐ Falsch gerundet
___	Meine Schätzung	400		

3 **5 CDs kosten 4,75 €. Wie viel kostet eine CD?**

4 **Miss die Strecke ab und zeichne sie 4-mal vergrößert auf!**

5 **Kreuze die symmetrischen Buchstaben an!**

H	**D**	**F**	**L**	**W**
☐	☐	☐	☐	☐

6 **Florian kommt um 14:55 Uhr beim Zahnarzt an. Nach 20 Minuten wird er in den Behandlungsraum gerufen. Dort bleibt er 15 Minuten. Was kannst du ausrechnen? Kreuze an!**

☐ Ich kann ausrechnen, wann Florian von zu Hause weggeht.
☐ Ich kann ausrechnen, wann Florian das Behandlungszimmer verlässt.

Kontrolliere die Lösungen! Denk an deine Belohnungssterne auf Seite 5!

1 **Addiere zu 3 H 7 E die Zahl mit 5 H 9 Z 4 E!**

2 **Multipliziere 8 Z 4 E mit 8!**

3 **Die Zahl heißt 745. Welchen Stellenwert hat die Ziffer 4?**

____

4 **Wie heißt die Zahl?**

3 Z 7 H = ________ 3 H 5 E = ________ 5 Z = ________

5 **Verbinde die Punkte so, dass ein Quader entsteht!**

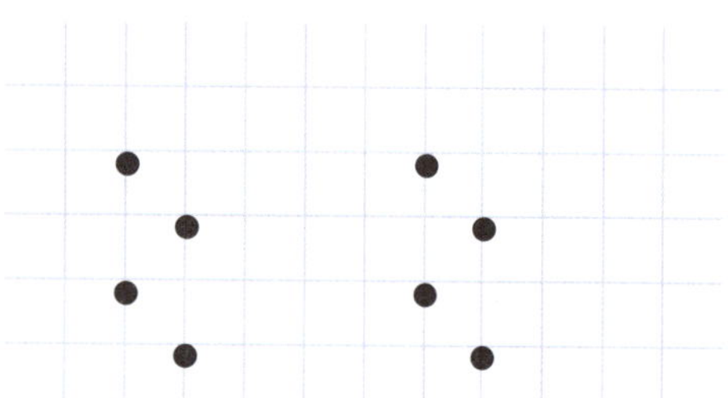

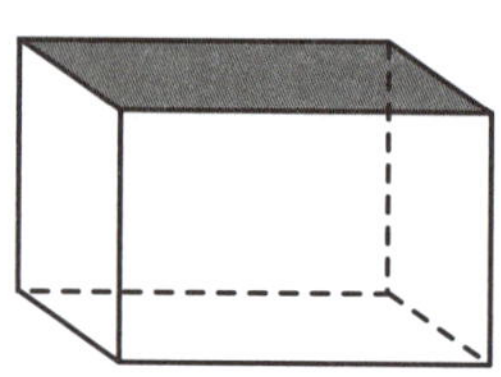

1 Trage folgende Zahlen im Zahlenstrahl ein: 620, 190, 910, 260.

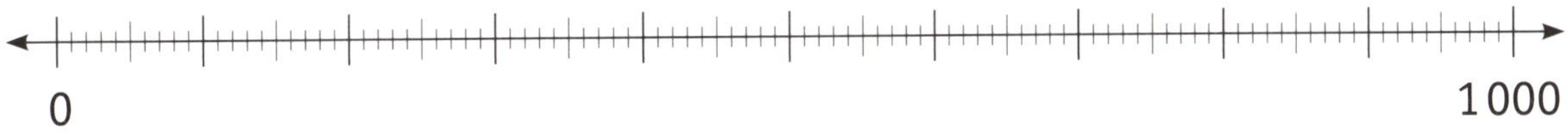

2 Verena kauft 300 g Leberkäse. Zu Hause verteilt sie den gesamten Leberkäse auf 8 Semmeln. Wie viel Leberkäse kommt in jede Semmel? Den Rest isst Verena ohne Semmel. Wie schwer ist der Rest?

3 Zeichne ein Quadrat mit der Seitenlänge von 25 mm!

4 Michael will mit dem 9.50-Uhr-Zug zu seiner Großmutter fahren. Der Zug hat aber 10 Minuten Verspätung.
Er fährt erst um ________________ ab.

5 Alois hat von einer Zahl 102 subtrahiert und das Ergebnis war 893. Wie hieß die ursprüngliche Zahl?

6 Bemale das richtige Würfelnetz!

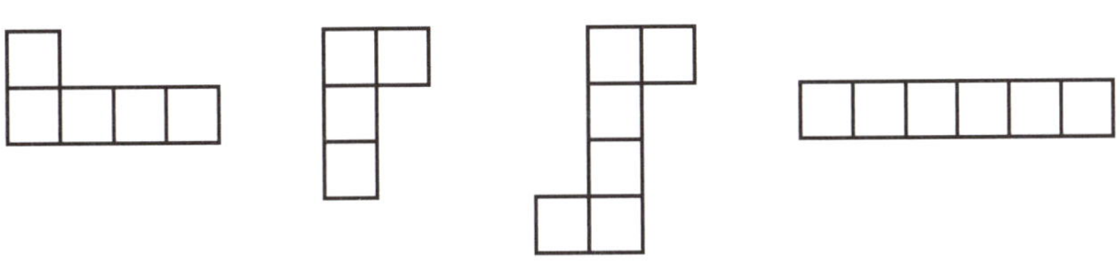

1 **Wie groß ist der Unterschied zwischen 692 und 839?**

2 **Berechne den fünften Teil von 735!**

3 **Finde die einzelnen Maße!**

736 g = ______ 542 dag = ______ 15 g = ______

448 dag = ______ 1000 g = ______ 505 g = ______

4 **Wie heißt der kleinere Einernachbar von 790?** ______

5 **Runde die folgenden Zahlen auf Hunderter!**

645 ≈ ____ 823 ≈ ____ 750 ≈ ____

6 **Wie viele Minuten sind vergangen?**

von 15.15 Uhr bis 16.00 Uhr ______

von 6.10 Uhr bis 7.00 Uhr ______

7 **Rechne im Kopf!**

1 km – 190 m = ______ 1 t – 340 kg = ______

1 Im Eissalon!

Hausbecher	5,80 €
Nussbecher	5,30 €
Kinderbecher	4,50 €
Schokobecher	5,20 €
Bananensplit	4,80 €

Miriam möchte am liebsten alle Eisbecher bestellen.
Runde die Geldbeträge!
Miriam müsste rund ______________ bezahlen.

2 Bei einem Sportfest sollen Kinder 3 km laufen. Es haben sich insgesamt 356 Kinder gemeldet. Wie viele Beine laufen?

3 Suche die rechten Winkel und trage jeweils das Zeichen dafür ein!

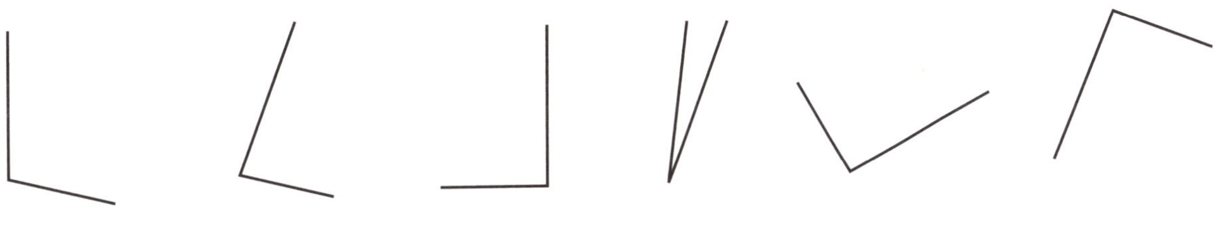

4 Der kleine Tom geht mit seiner Mutter in den Supermarkt einkaufen. Der Supermarkt ist von zu Hause 783 m entfernt. Nach 516 m muss ihn die Mutter tragen.

5 Wie heißt die Zahl?

890 ► – 180 ► ____ ► – 200 ► ____ ► – 500 ► ____ ► + ______ = 1000

1 **Verbinde die Punkte so, dass ein Würfel entsteht!**

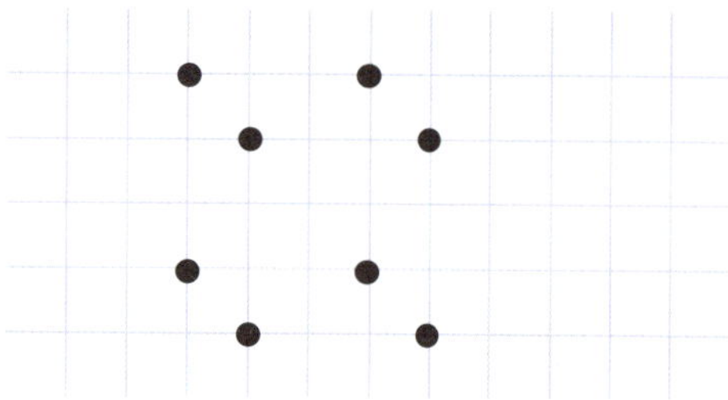

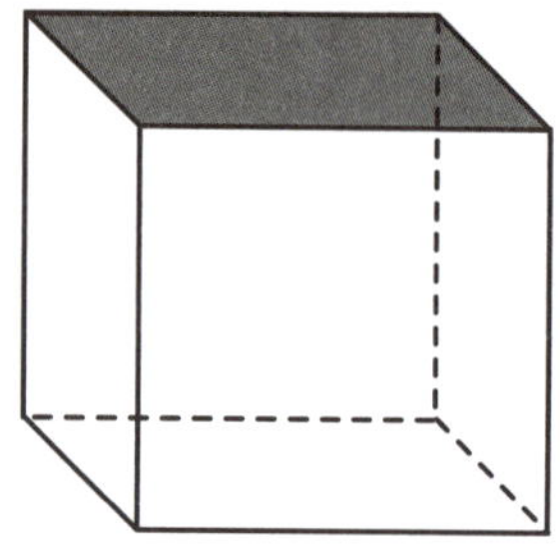

2 **1 dag kleiner als 1 kg** ► ___________

1 g kleiner als 1 kg ► ___________

4 g kleiner als 1 dag ► ___________

3 **Frau Burger war einkaufen. Sie schleppt eine Tasche mit 4 kg 20 dag und eine Tasche mit 125 dag nach Hause.**

4 **Eine Holzlatte ist 4 m lang. Sie wird in 8 Stücke zerteilt. Wie lang ist ein Stück?**

5 **Zeichne eine Strecke von 6 cm! Mache dazu 2 parallele Linien im Abstand von jeweils 1 cm!**

1 In der Kasse eines Supermarktes liegt viel Geld. Die Verkäuferin muss die Geldscheine addieren. 2-mal ein 100-Euro-Schein, 8-mal ein 50-Euro-Schein, 9-mal ein 10-Euro-Schein und 51-mal ein 5-Euro-Schein. Die Münzen wurden in einer Zählmaschine gezählt und sind insgesamt 36,65 €. Wie hoch ist der gesamte Geldbetrag?

2 Wie viele Flächen haben zwei Quader insgesamt?

____

3 Verbessere die Rechnung daneben!

1000 – 450 = 650 ______________________

4 Das ist der rechteckige Kinderspielplatz in Rudendorf. Er soll dreimal mit einem Draht eingezäunt werden.

b = 43 m

l = 56 m

1 Subtrahiere!

1000	435	617	907
− 879	− 289	− 331	− 527

2 Dividiere 895 durch 4!

3 Wie heißt die kleinste zweistellige Zahl? ______

4 Wie heißt die größte dreistellige Zahl? ______

5 Löse folgende Rechnungen im Kopf!

200 • 4 − 700 = ______

1000 − 620 = 480 − ______

6 Bilde aus den Ziffern 7, 9, 0 die größtmögliche Zahl! ______

7 Löse das Zahlenrätsel!

◀ = 100 ▶ = 10 ▲ = 1

◀◀◀◀▲ = ______

◀◀▶▶▶▶▶▶ = ______

◀◀◀◀◀◀◀◀▶▶▶▶▶▶▲▲▲▲▲ = ______

8 Suche eine Zahl zwischen 38 und 41! Teile sie durch 6! Als Rest muss 4 bleiben.

______

1 **Bemale im Raster die angegebenen Kästchen! Es entsteht ein Muster! Setze das Muster fort!**

A 1, B 2, B 3, A 4, C 2, C 3, D 1, D 4

	A	B	C	D
1				
2				
3				
4				

2 **Lisis Oma hat einen sehr alten Hund mit Namen Rambo. Er ist 16 Hundejahre alt. 1 Hundejahr ist genauso viel wie 7 Menschenjahre. Wie viele Menschenjahre ist Rambo alt?**

3 **Zeichne ein Quadrat! s = 1 cm. Zeichne daneben ein Quadrat mit doppelter Seitenlänge!**

4 **Ein Trainer kauft für seine jungen Fußballer 9 Springschnüre. Dafür bezahlt er 72 €.**

1 Dividiere 9 H 2 Z 1 E durch 3 und mache die Schätzrechnung dazu!

Meine Schätzung:

2 Eine Gartengarnitur besteht aus einem Tisch und 6 Sesseln. Sie kostet im Angebot 499 €. Der Tisch allein kostet 145 Euro. Wie teuer ist ein Sessel?

3 Im Supermarkt werden Äpfel in Sechserpackungen angeboten. 25 solche Packungen enthalten insgesamt wie viele Äpfel?

4 Ergänze die zweite Hälfte der symmetrischen Figur!

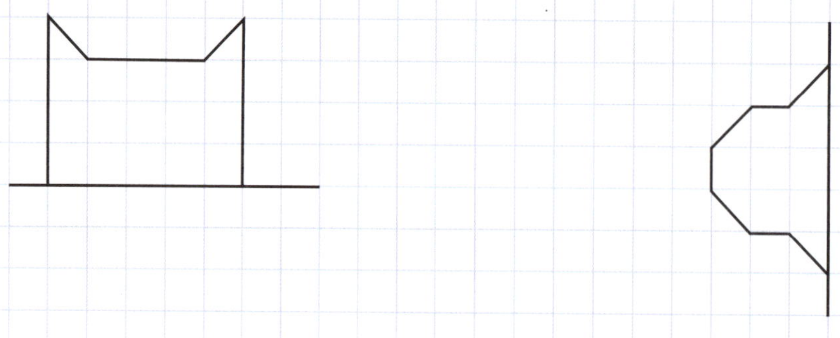

5 Miss die Strecke ab und zeichne sie 4-mal verkleinert darunter auf!